KB105549

물고기가 왜?

생 각 하 는
돌 고 래
0 0 1

청소년을 위한 바다 인문학

물고기가 왜?

글 김준 | 그림 이장미

웃는돌고래

여는 글

느리고 오래가는 기쁨

남해의 바닷가 마을로 가 보자. 멸치 그물을 올리던 어부의 얼굴이 어둡기만 해. 내다 팔 만한 멸치는 들지 않고 손톱 길이보다 작은 조그만 멸치와 어린 갈치가 그물에 가득하거든. 어부는 돈이 될 만한 갑오징어 몇 마리를 주섬주섬 함지박에 담고 나머지는 그대로 바다에 던져 버렸어.

멸치와 갈치는 그물에서 풀려났지만 기다리던 갈매기 차지가 돼. 갈매기가 서로 먹겠다고 쪼아 대고 밀치고 난리지. 녀석들은 어부가 그물을 털어 바다에 버릴 것을 벌써 알았다는 눈치야. 용하게 갈매기를 피한 새끼 물고기들은 불과 한두 시간 전까지 헤엄을 치던 바다에서 흐느적거리다 결국 물 위로 떠오르고 말아.

큰 물고기가 잘 잡히지 않는 풍경은 이제 더 이상 우리 바다에서 낯선 일이 아니야. 지난 50년 동안 큰 물고기 90퍼센트가 사라졌어. 동해에서 명태가 사라졌고, 서해에서 조기가 사라졌지. 그리고 자연산 대구, 민어, 농어도 사라지거나 귀한 생선이 되었어. 이제 우리 밥상에는 외국에서 수입한 물고기나 물메기, 아귀, 숭어, 망둑어 같은 예전에는 쳐다보지도 않아 '잡어'라 불렀던 생선들이 버젓이 자리를 차지하고 있지. 더 멀리 갈 것도 없이 우리 아이들 세대에 바다에 어떤 물고기가 남아 있을지 알 수 없어.

왜 이렇게 된 걸까? 가장 큰 원인은 큰 물고기는 말할 것도 없고 채 자라지도 않는 어린 물고기까지 싹 잡았기 때문이야. 우리 아버지 세대에는 명태를 바다에서 싹쓸이하다시피 잡았어. 명태 새끼인 노가리는 세 배나 더 많이 잡았지. 그래서 지금 동해에는 명태가 없어. 서해에는 조기가 없고. 조기가 알을 낳고 자랄 수 있는 환경은 파괴되었고 먹이도 많지 않거든. 게다가 어부들이 월동 지역까지 찾아가 조기를 잡아 대니 서해까지 올라올 수도 없어.

어부들뿐만이 아니라 취미 삼아 한다는 낚시꾼도 큰 문제야. 사실 낚시야말로 지속 가능한 어업이라 믿어 왔지. 그런데 옹진군 문갑도에서 만난 어부는 "그물은 씨를 말리지 않아도 낚시는 씨를 말린다."는 충격적인 이야기를 들려줬어. 처음에는 그 말이 무슨 뜻인지 이해를 하지 못했지. '낚싯대로 잡아 봤자 얼마나 잡겠어?' 그랬거든.

그런데 부두로 들어오는 낚시꾼 행렬을 보면서 고개를 끄덕일 수밖에 없었어. 이제 우리나라에서 물고기를 잡는 사람은 '어부'가 아니라 '낚시꾼'이야. 어부의 수보다 몇 배나 많은 낚시꾼들이 어부들보다 훨씬 많은 양의 물고기를 잡고 있거든. 게다가 낚시꾼은 크고 작고를 가리지 않아. 그물로는 일정한 지역에서만 잡지만, 낚시는 바다든 섬이든 가리지 않고 심지어 무인도에서도 잡지. 또 고기를 잡지 못하게 막는 금어기와 계절도 가리지 않아.

그런데 어부나 낚시꾼 들은 자신의 행동이 바다에 끼치는 영향을 잘 알지 못해. 바다의 물고기는 임자가 없으니 먼저 잡는 사람이 임자라고 생각하지. 바다에서 물고기가 잡히지 않는 것은 '수온이 변해서'라고 생각해. 지구 온난화가 원인이기에 내 책임이 아니라는 거지. 마구잡이로 잡는 '남획'을 심각하게 생각하지 않아.

이대로 괜찮은 걸까? 학자들 말로는 남획을 멈추지 않는다면 50년 후에는 밥상에서 생선을 구경하기 어려울 거래. 생선이 없으면 소, 돼지, 닭 같은 육고기나, 콩 같은 채소를 먹으면 되는 것 아니냐고? 그런데 이게 그렇게 간단한 문제가 아니야.

소고기 1킬로그램을 얻기 위해서는 곡물 사료 약 7킬로그램이 필요해. 물고기가 사라지면 물고기를 대신할 소, 돼지, 닭을 더 많이 기를 테니, 사료로 쓸 쌀이나 옥수수 같은 곡물도 더 필요할 텐데 그걸 감당할 수 있을까?

그뿐만 아니라 가난한 나라에서는 먹을거리 가운데 어류가 차지하는 비중이 무려 20퍼센트를 넘는다고 해. 그러니 바다나 강에서 물고기가 사라진다면 가장 큰 피해를 입는 사람은 아시아나 아프리카의 가난한 나라 사람들인 거지.

무엇보다 중요한 건 우리가 살고 있는 생태계는 여러 생물들이 서로 영향을 주고받으며 복합적으로 얽혀 있다는 점이야. 그래서 바다에서 생물들이 사라지면 인간도 제대로 살아갈 수 없어. 바다가 지구를 오롯이 지켜 주고 생물다양성을 유지시켜 주었다면, 바다 생물은 인간이 건강하게 살아갈 수 있도록 도와주었지.

바다 생물도 살리고 우리 인간도 제대로 살아갈 수 있는 방법은 없을까?

그 방법 가운데 하나로 많은 사람들이 '슬로푸드 운동'에 관심을 갖고 있어. 슬로푸드는 패스트푸드의 반대말이야. 패스트푸드는 주문하면 바로 만들어 나오는 음식을 말하지. 싸고 편하고 시간도 절약할 수 있어 인기가 많아. 전 세계 곳곳에서 다국적 패스트푸드 업체들이 문을 열고 있지.

이런 흐름에 반기를 들고 시작된 것이 '슬로푸드 운동'이야. 좋고(good), 깨끗하고(clean), 공정한(fair) 음식을 먹자는 운동이지. 더 자세히 얘기하면 품질과 풍미는 물론이고 건강에도 좋은 음식, 환경에 해를 끼치지 않고 생산된 음식, 생산자에게 바른 근로 조건과 공정한 대가를 지불하는 음식을 말해.

슬로푸드 운동을 지지하는 사람들은 아무거나 먹지 말고 음식의 원재료를 생각해 보고, 시간과 노력을 들여 제대로 만들어, 즐기면서 먹자고 이야기해. 또 전 세계 어디서나 똑같은 음식이 아니라 그 지역에서만 맛볼 수 있는 전통 음식, 전통 식재료, 전통 요리법에도 관심을 갖자고 말하지. '속도'와 '효율성'만 중요시하는 한 인류의 미래에 희망이 없다고 생각하기 때문이야.

> 인류의 종이 소멸되는 위험에 처하기 전에 속도로부터 벗어나야 한다.
> 속도와 효율성에 도취한 흐름에 전염되지 않기 위해서는
> 느리고 오래가는 기쁨과 즐거움을 적절하게 누려야 한다.
> 그 출발은 슬로푸드 식탁에서 시작되어야 한다.
> - 국제 슬로푸드 운동 선언문 중에서

나는 우리가 슬로푸드 운동의 정신을 생각해 보았으면 좋겠어. 우리나라 바다와 바다 생물을 위해, 아니 그와 더불어 살아가는 우리 자신을 위해서.

땅에서 자라는 식물도 열매를 맺기까지 오랜 시간을 기다려야 하듯, 바다 생물도 제대로 자라려면 시간이 필요해. 대구와 명태는 4년은 자라야 알을 낳을 수 있고, 멸치는 수명이 길어야 2년에 불과하지만 수많은 천적을 피해야 알을 낳을 수 있지. 제대로 자란 숭어를 먹으려면 5년에서 7년은 기다려야 하고, 바지락에 알이 꽉 차려면 3년은 자라야 해. 또 민어는 4년, 뱀장어는 7년을 자라야 알을 낳을 수 있어. 하다못해 낙지가 알을 낳은 후 새끼가 알에서 나올 수 있도록 아무것도 먹지 않고 보살피는 기간도 90여 일이야.

그런데 빠른 속도에 길들여진 우리는 어부들에게 작은 조개를 잡게 만들고, 촘촘한 그물로 채 자라지 않은 어린 물고기를 잡게 만들어.

그 결과 우리나라에서 큰 물고기가 사라지고, 저 먼 외국 바다까지 가서 돈을 주고 잡아야 하는 처지가 됐어. 그렇게 잡아 온 물고기라도 마음 놓고 먹을 수 있다면 좋을 텐데 방사능에 안전한지 걱정까지 해야 해. 생각할수록 이건 너무 비참해.

나는 우리 아이들도, 그 아이의 아이들도 우리 바다에서 나는 맛 좋고 건강한 먹을거리를 먹었으면 좋겠어. 그래서 우리 바다에 어떤 멋진 먹을거리가 있는지 제대로 들려주고 싶어. 많은 청소년들이 내 이야기를 듣고 우리 바다 맛을 기억하고 생각하고 지켜 주었으면 해.

이 책에 소개한 바다 생물 열 종은 우리나라 각 해역, 서식 환경, 생태계 변화 등을 대표하는 것을 고려해 가려 뽑았어. 동해를 대표하는 명태, 서해를 대표하는 조기, 남해를 대표하는 멸치, 제주 바다를 대표하는 자리돔이 그래서 선택되었지.

또 갯벌 생물을 대표하는 낙지, 계절 음식을 대표하고 일제강점기 수산물 수탈을 잘 보여 주는 민어, 강과 바다를 오가는 회유성 어류를 대표하는 뱀장어, 해조류를 대표하는 미역, 어족 자원이 고갈되어 꽁치에게 자리를 내준 청어, 인공 산란을 통해 겨우 종을 회복한 대구도 실었어.

이 생물들은 밥상에 오르기 전, 숨 쉬는 바다, 지속 가능한 바다 생태계를 만드는 주인공들이었어. 이제 그들에게 제자리를 찾아 주어야 해. 그건 인간을 위한 길이기도 해. 지속 가능한 지구를 위한 일이기도 하고.

느리고 찬찬하게 우리 바다 먹을거리 열 가지 이야기를 같이 나누어 보면서 우리 밥상을 풍성하게 만들어 주는 이 생명들에게 고마운 마음을 전하면 좋겠어. 자, 그럼 바닷속 슬로푸드를 향해 가 볼까?

2016년 2월

광주에서 김준

차례

대구

어쩌다 그렇게 작아졌니?

대구는 어떤 물고기?

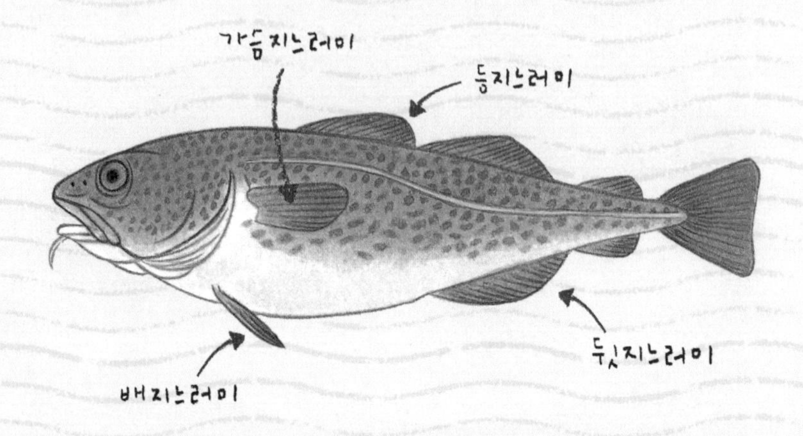

몸은 회갈색이고, 등에 황금색 반점이 있어. 몸통 앞쪽이 도톰하고 꼬리 쪽으로 갈수록 날렵하고 납작하지. 가슴지느러미가 두 개, 넓은 등지느러미가 세 개, 검은색 뒷지느러미가 두 개 있어.

턱에는 수염처럼 생긴 촉수가 늘어져 있지. 물이 흐려서 앞이 잘 보이지 않을 때 이 수염을 이용해서 먹이를 잡아먹기도 해. 명태와 비슷하게 생겨서 가끔 대구와 명태를 헷갈리는데, 명태는 주둥이 아래에 수염이 뚜렷하게 보이지 않는단다. 옛날에는 1미터에 이르는 대구도 많았는데, 요즘 잡히는 대구는 평균 크기가 50~60센티미터밖에 안 돼.

보통 암컷은 4년, 수컷은 3년 정도 자라야 짝짓기를 할 수 있어. 12월에서 이듬해 3월 사이에 개펄과 모래가 발달한 수심이 낮은 곳에 알을 낳고 체외수정을 하지. 대구 한 마리가 낳는 알은 수백만 개야. 이렇게 알을 많이 낳아도 대부분은 다른 물고기에게 잡아먹히거나 폭풍 같은 것에 휩쓸려 사라지고, 아주 적은 수만 어른 대구로 자라.

어린 대구는 식물 플랑크톤이나 작은 바다 생물을 먹고, 좀 더 크면 크릴새우를 잡아먹어. 일 년쯤 뒤에는 홍합이나 조개도 먹을 수 있지. 어른 대구는 입이 커서 고등어, 청어, 전갱이, 가자미까지 먹는단다.

체외수정 암컷의 몸 밖에서 수정이 일어나는 방식. 물고기처럼 물에 사는 동물들이 많이 하는 방식으로, 암컷이 물속에 알을 낳으면 수컷이 그 위에 정자를 뿌려 수정이 이루어져.

입 큰 물고기 대구

물고기 중에 입이 가장 큰 물고기는 뭘까? 아귀? 메기? 상어? 고래? 아 참, 고래는 어류가 아니라 포유류에 속하니 빼야 하려나. 아무튼 이름만 본다면 대구보다 입이 큰 물고기는 없을걸! 얼마나 컸으면 클 대大 자에 입 구口 자를 써서 대구라 했겠어. 정말 대구가 입이 크냐고? 입이 크긴 해. 그런데 다른 입 큰 물고기도 많을 텐데 왜 하필 대구에 '대구'라는 이름이 붙었을까?

그건 대구의 행동 때문이야. 커다란 입을 쫙 벌린 채 물속을 돌아다니니 고놈 입 한번 참 크다 그래서 '대구'가 된 거야. 그렇게 입을 벌리고 다니면 물속에 떠다니는 건 입에 다 들어올 거 아냐? 대구는 입속으로 들어오는 건 뭐든지 삼키는 대식가, 아무거나 가리지 않고 먹는 녀석이야. 심지어 자기 새끼도 먹는다고 하니 대구라는 이름을 붙일 만하지. 사람도 그렇지만 물고기에게도 식탐은 종종 불행을 가져온단다. 낚시 바늘에 어떤 미끼를 꽂더라도 대구는 가리지 않고 덥석 물어 버리거든.

대구는 우리나라 모든 바다와 북위 34도 이상의 북태평양에서 주로 살아. 그러니까 일본 홋카이도와 러시아 블라디

보스토크 사이의 바다, 오호츠크 해, 베링 해에서 살지. 북대서양에서도 매사추세츠 만, 케이프코드 만, 북해에서 대구를 만날 수 있어.

우리나라에서는 특히 겨울철에 부산 가덕도와 경상남도 거제, 남해에서 많이 잡혀. 찬바람이 불고 바다 온도가 낮아지는 겨울철에는 차가운 해류가 남쪽으로 내려오는데, 대구도 그 한류를 타고 우리나라에 오는 거야. 겨울 바다에 알을 낳고 살다가 남태평양 난류가 북쪽으로 올라갈 때쯤엔 대구도 차가운 바다를 찾아 북쪽으로 다시 올라가.

조선 중종 25년(1530)에 만들어진 인문 지리서 《신증동국

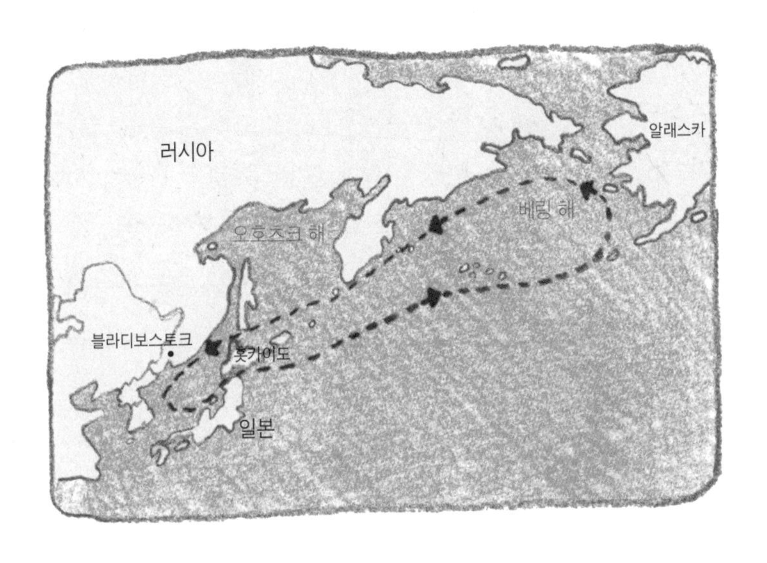

여지승람》에는 대구가 경상도, 강원도, 함경도에서 잡힌다고 나와. 조선시대에도 동해와 남해에서 대구가 잡혔다는 사실을 알 수 있지. 그중에서도 경상도를 중심으로 남해에서 많이 잡혀 한때 서해 조기, 동해 명태, 남해 대구라고 하기도 했어.

그런데 지난해 늦여름 충청남도 태안군 근흥면에 있는 신진도 어시장에서 대구를 본 적이 있단다. 처음에는 거제에서 보았던 대구보다 작아서 이게 대구가 맞나 긴가민가했어. 수염과 입과 몸통을 확인하고 가게 주인에게 물어보니 대구가 맞대. 서해 남쪽도 아니고 서해의 중심에서 대구를 볼 거라고는 생각도 못 했지.

나중에 알고 보니 서해에도 대구가 산다는구나. 서해에서 잡히는 대구는 크기가 작아서 '왜대구'라고도 불렀대. 크기가 작아진 까닭은 조금 있다 살펴보기로 하고, 우선 대구가 서해로 간 까닭부터 알아볼까.

2011년 국립수산과학원이 탐사선을 이용해 조사한 자료를 보면, 우리나라에 살고 있는 대구의 25퍼센트가 서해안에 있대. 대구가 서해로 간 것은 수온의 영향이 커. 물고기는 바깥 온도에 따라 체온이 변하는 변온동물이라서 온도에 아주 민감하거든. 서해의 온도가 대구에게 더 맞았던 걸까?

같은 바다라도 서해와 동해는 깊이와 넓이가 다르단다. 서해가 얕고 좁다면 동해는 훨씬 깊고 넓은 바다야. 그래서 열을 받아도 서해가 더 쉽게 더워지고, 동해는 서서히 온도가 오르지. 사람들이 여름철에 더위를 피해서 동해안으로 모여드는 데는 이런 까닭도 있어. 겨울철에도 서해는 동해보다 더 온도가 낮아.

서해의 50~70미터 바다 밑은 온도가 낮아서 어린 대구가 좋아하는 작은 새우나 어린 베도라치가 많고, 대구가 살기에도 알맞대. 또 동해와 달리 다시 북쪽 바다로 돌아가기도 힘드니 서해의 먹이사슬에 적응하면서 정착을 한 거란다.

이제 대구는 충청남도 군산, 태안 격렬비 열도를 지나 중국 바다에서도 많이 잡히고 있어. 2013년부터는 서해에서 잡힌 대구의 양이 동해와 남해에서 잡힌 양보다 더 많아졌단다. 새들 중에도 나그네새였다가 텃새로 바뀐 새가 있다는데, 대구도 환경에 맞춰 서해에 자리를 잡은 게지.

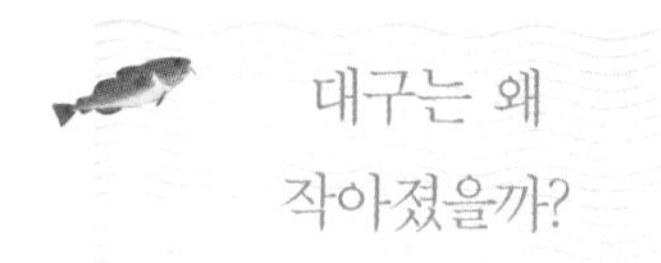

대구는 왜 작아졌을까?

겨울철에 끓여 먹는 대구탕이 얼마나 시원한지 아니? 별미 중의 별미란다. 무랑 매운 고추 잔뜩 썰어 넣고, 어두육미 중의 최고라 할 대구 대가리까지 집어넣은 뒤에 보글보글 끓여서 내놓으면, 뽀얀 대구 속살이 탱글탱글 익어 가는 소리에 너도나도 체면불구 숟가락질하느라 바쁘지. 요즘은 자주 먹을 수 없으니까 더 귀하게 느껴져.

대구 맛이 특히 좋은 때는 바로 알을 낳는 12월에서 3월까지야. 이 무렵의 대구로는 뭘 해 먹어도 엄청 맛있지. 특히 겨울철에 거제 외포리에 가면 대구만 넣고 끓인 맑은 대구탕을 맛볼 수 있는데, 그 맛이 기가 막히단다.

맛을 보고 감탄해서 무슨 특별한 비법이 있냐고 물어봤는데, 싱싱한 대구 때문이라고 무심하게 대답하시더라. 아마도 마을 앞 바다에서 잡은 싱싱한 대구를 오랜 경험과 정성으로 끓인 게 비법이겠지. 아무리 서해에서 대구가 많이 잡힌다고 해도 역시 찬바람이 날 때 거제에서 먹는 대구가 최고란다. 그래서 특산품이 아니겠니. 게다가 오랫동안 그곳 밥상에 올랐으니 요리하는 방법도 발달할 수밖에 없었겠지.

2010년 12월, 거제 외포항에서 갓 잡은 대구를 보았어. 크기가 무려 1미터나 되는, 보기 드물게 큰 대구였지. 등에 붙은 황금색 반점이 햇빛을 받아 반짝반짝 빛이 나고, 탄력 있는 회갈색 몸뚱이를 이리 퍼덕 저리 퍼덕이는 모습이 얼마나 근사해 보였는지 몰라. 그렇게 큰 대구를 잡은 건 굉장히 드문 일이라 어부도 퍽이나 놀라고 기쁜 모양이었어.

그런데 말이야, 사람들이 거대한 배를 여러 척 끌고 나가 한꺼번에 대구를 잡기 전까지는 이렇게 큰 대구를 보는 것이 그리 어려운 일이 아니었어. 17세기, 대구가 엄청 많이 잡혔던 캐나다의 그랜드뱅크스라는 곳에서는 자그마치 길이가

1.5미터에 무게가 50킬로그램이 넘는 대구도 잡혔다고 하거든. 그 무렵 대구의 평균 무게는 무려 10킬로그램이나 됐대. 돌잡이 아이 몸무게만큼이나 나가는 셈이지. 그런데 지금은 대구의 평균 무게가 겨우 1.5킬로그램밖에 안 돼. 도대체 왜 이렇게 작아진 걸까?

대구는 한때 대륙붕을 지배한 물고기였어. 무리를 지어 이동하는 엄청난 대구 떼들이 대륙붕을 헤엄치면서 황금 어장을 만들었지. 하도 많이 잡히다 보니 어부들은 대구를 잡아 소금에 절이거나 그냥 바람에 말려 팔기도 했어. 바다가 너무 멀어 물고기를 구경하기 힘들었던 사람들이 맨 처음 먹게 된 생선이 바로 대구였어. 대구는 얼마 안 가 석유나 금처럼 귀한 대접을 받게 됐지.

그러나 언제까지나 바다에 그득할 것 같던 대구는 곧 숫자가 줄기 시작했고, 유전자도 훼손되기 시작했어. 대구의 크기가 줄어든 까닭이 바로 이거야.

대구는 떼로 모여 다녀. 그런데 이렇게 한데 모여 생활하는 종은 개체 수가 90퍼센트, 혹은 그 이상 줄어들면 유전체

대륙붕 육지나 섬과 연결된, 깊이 2백 미터까지의 얕은 바다. 바다 전체 넓이의 8퍼센트밖에 안 되는 곳이지만 이곳의 가치는 말할 수 없이 커. 대부분의 바다 생물이 대륙붕에 살고 있는 데다 자갈이나 모래, 석유처럼 인간에게 꼭 필요한 자원도 모두 대륙붕에 있거든.

가 훼손돼. 유전체란 대구 한 마리, 또는 세포 한 개가 생명 현상을 유지하는 데 필요한 유전자의 총량을 말해. 그러니까 대구 떼가 1백 마리인데, 그중 90마리 넘게 잡아 버리면 대구의 세포가 기억하고 있던 유전 정보가 망가지면서 자기가 어느 정도까지 자랄 수 있는 물고기인지 모르게 된다는 거야. 실제로 캐나다 그랜드뱅크스에서 대구 수가 95퍼센트 이상 줄자 잡히는 대구의 크기도 작아졌다는 조사 결과가 나왔어.

우리나라 조기도 마찬가지야. 1930~1940년대까지만 해도 영광 칠산 앞바다에서 잡히는 조기 중에는 40센티미터가 넘는 녀석들이 꽤 있었어. 그런데 지금은 조기를 아예 구경하기도 힘들고, 어쩌다 잡히는 것도 20센티미터도 안 되는 녀석들이야. 개체 수가 많아야 좋은 유전 정보를 다음 세대에 물려주면서 더 큰 물고기로 자랄 수 있다는 뜻이겠지.

더 놀라운 사실은 한번 훼손된 유전자가 다시 회복되려면, 물고기를 단 한 마리도 잡지 않고 몇십 년을 보호해야 한다는 거야. 큰 대구를 다시 보려면, 대구처럼 유전 정보를 잃어가는 물고기가 없으려면, 일정한 수의 물고기가 바다에 살 수 있도록 잘 기억하고 지켜야 해.

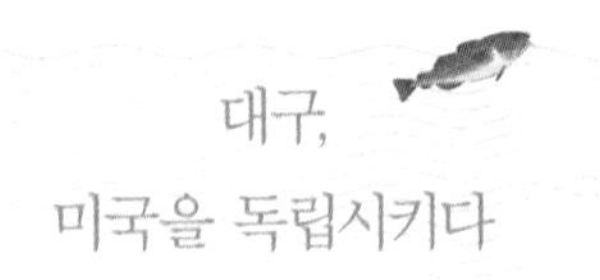

대구, 미국을 독립시키다

대구는 단순한 먹을거리가 아니라 세계 역사를 바꾼 물고기이기도 해. 대구가 아니었다면 아마도 미국 독립은 이루어지지 않았을지도 몰라. 물고기가 미국을 독립시켰다니, 말도 안 된다고? 그런지 아닌지, 내 얘기 좀 들어 봐.

북대서양 대구 이야기를 하려면 시간을 조금 거슬러 올라가야 해. 1497년, 존 캐벗이라는 이탈리아 탐험가가 영국 국왕의 후원을 받아 새로운 뱃길을 찾아 나섰어. 아시아에서 나는 향신료를 좀 더 빨리 사고팔 수 있는 길이 필요했거든. 그때는 후추, 계피, 생강 같은 향신료를 유럽으로 가져와 팔면 큰돈을 벌 수 있었지. 향신료는 육류도 그렇지만 특히 어류가 쉽게 상하는 걸 막고 식욕을 돋우는 역할도 했으니 귀한 식재료였어.

캐벗 일행은 50여 일이 넘는 항해 끝에 드디어 육지에 도착했는데, 그곳 바다에는 대구 같은 물고기가 엄청 많아 바구니로 퍼 담아도 될 정도였어. 존 캐벗은 자신이 돌아본 땅을 영국 땅이라고 선언하고, '새로 발견한 땅'이라는 뜻의 이름을 지어 줬어. 그게 지금의 캐나다 '뉴펀들랜드'야.

존 캐벗의 항해 이후 대구가 많다는 소문을 듣고 어부들이 고기를 잡기 위해 이곳으로 몰려들기 시작해. 아시아로 가는 새로운 뱃길을 찾지는 못했지만, 그 대신 물고기가 많은 어장을 발견한 셈이지.

17세기에는 영국에서 미국으로 간 청교도들이 북아메리카 매사추세츠 '케이프코드'라는 곳에 자리를 잡았어. '코드cod'는 영어로 대구를 뜻하는 말이니 케이프코드는 대구 곶, 그러니까 '대구가 있는 바다'라는 뜻으로 붙인 이름이야. 케이프코드 앞바다는 말 그대로 대구가 그득한 대구 어장이야. 영

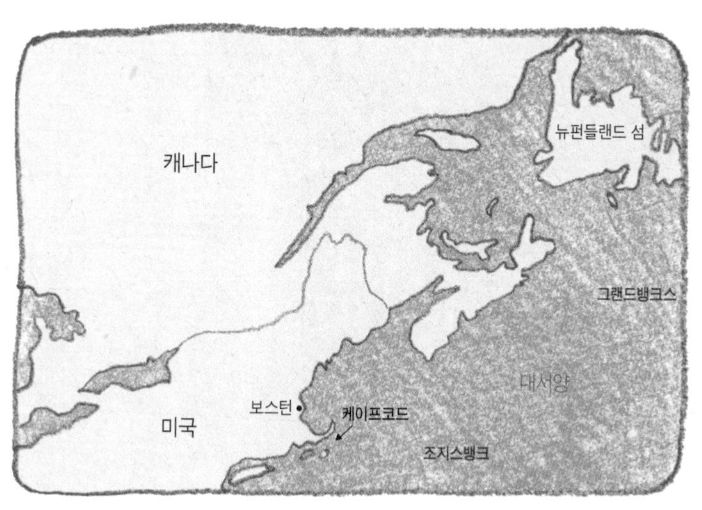

북대서양 대구 어장

국은 이 지역을 식민지로 삼고, '새로운 영국'이라는 뜻의 '뉴잉글랜드'로 부르지.

대구가 사는 해안가를 중심으로 자리 잡은 사람들은 곧 엄청난 양의 대구를 잡아 유럽에 팔기 시작해. 그 양이 얼마나 엄청났는지, 대구를 가공하면서 나오는 껍질, 뼈, 머리, 내

장 같은 찌꺼기를 거름으로 삼은 뒤부터 척박했던 농지가 엄청나게 기름지게 변할 정도였어. 항구인 보스턴을 중심으로 무역이 활발하게 이루어지면서 대구 덕분에 부자가 된 상인들은 '대구 귀족'이라 불릴 정도였지.

그러자 모국인 영국은 식민지 뉴잉글랜드에 더 많은 세금을 내놓으라고 했어. 대구 무역을 제한하고 가장 중요한 교역품이었던 당밀과 차에 세금을 매기기 시작했지. 당연히 뉴잉글랜드 사람들은 크게 반발했고, 이게 미국 독립혁명의 출발선이 되었어. 대구는 그만큼 중요하고 사랑받는 생선이었지.

그때 사람들은 왜 그렇게 대구를 좋아했을까? 이유는 간단해. 대구는 잡기도 쉽고, 보관도 쉽고, 먹는 방법도 다양했기 때문이야. 중세 가톨릭에서는 금식일에 성행위는 물론이고, 동물의 살을 먹는 것도 금했어. 다만 생선은 먹을 수 있었지. 그런데 말이야, 금식일이 일 년의 절반이 넘는다는 게 문제였어. 육식은 안 되지만 생선은 먹어도 된다고 하니, 생선 소비가 급격하게 늘어날 밖에.

또 대구는 얕은 바다에 사니까 쉽게 잡을 수 있었고, 길이도 무려 1미터나 되니까 먹을 것도 많았지. 지방이 없으니 잘 안 상하고 말려서 보관하기도 좋고, 빵처럼 잘게 부숴 씹어 먹기도 좋은 물고기였어.

우리나라에 대구탕, 대구찜, 대구죽, 대구창젓 같은 다양한 요리가 있는 것처럼, 서양에도 갖가지 대구 음식이 있어. 알, 위, 간……, 먹는 부위도 다양해. 대구 간에서 짜낸 기름은 아이들에게 비타민 보충용으로 많이 먹여. 대구 위 속에 대구 간을 채워 넣은 음식도 있고, 대구 껍질을 구워 버터에 발라 먹기도 해. 뼈를 푹 삶아 먹기도 하지.

이렇게 다양한 요리로 언제까지나 식탁을 떠나지 않을 것 같던 대구에게 위기가 온 것은 최근이야. 왜 그렇게 됐을까? 뉴잉글랜드 가까이에 있는 조지스뱅크 어장 이야기를 들으면 그 까닭을 금세 알 수 있어.

조지스뱅크는 세계에서 바닷물고기가 가장 많이 잡히는 곳으로 유명해. 그런데 1980년대에 미국 정부는 조지스뱅크 어장의 규제를 없앴어. 기업이 잡고 싶은 건 뭐든지, 언제든지 잡을 수 있게 규제를 풀어 버린 거야. 우리나라도 기업 하기 좋은 나라 만든다며 규제 싹 다 풀고 있는데, 이러다가 돌이킬 수 없는 결과가 오지 않을까 걱정이야. 아무튼 어장 규제가 없어지자 기업에서 끌고 온 배들이 어린 물고기까지 싹 쓸이해 버렸어.

그래서 어떻게 됐냐고? 언제까지나 알을 낳고 새끼를 기르고 바다를 그득하게 채울 것 같던 대구들이 사라져 버린 거야. 조지스뱅크에서 잡은 대구를 가공해 전 세계로 수출하던 미국은 이제 노르웨이에서 대구를 수입하고 있어. 미국과 달리 노르웨이는 어장을 계속 엄격하게 관리해 왔거든.

결국 미국은 1994년 조지스뱅크 어장 일부 해역에서 고기를 잡지 못하게 금지 조치를 내렸어. 캐나다도 1992년부터 그랜드뱅크스에서 대구를 잡을 수 없도록 금지하고 있어. 마구잡이로 잡는 남획이 어떤 심각한 결과를 가져오는지 깨닫게 된 거지.

대구 때문에 생겨난 건 또 있어. 바로 '배타적 경제수역 EEZ'이야. 오늘날 바다는 물고기만 있는 데가 아니라 지하자원의 보고여서, 강대국들은 서로 더 많이 차지하려고 야단이지. 일본이 독도를 넘보는 것만 봐도 알 수 있잖아. 자기 나라의 연안으로부터 2백 해리까지의 모든 자원에 대해 독점적인 권리를 주장할 수 있도록 정한 것이 바로 '배타적 경제수역'이야. 20세기 중반 무려 세 차례에 걸쳐 영국과 아이슬란드 사이에 벌어진 '대구 전쟁 Cod War' 때문에 생겼지.

영국의 대표 음식으로 손꼽히는 게 뭔 줄 아니? 바로 생선튀김과 감자튀김이 함께 나오는 피시 앤드 칩스 fish and chips 야. 생선튀김의 주재료는 바로 대구. 피스 앤드 칩스가 대중음식이 되면서 대구 소비가 늘자, 영국은 아이슬란드 바다까지 넘어가 대구를 잡았어. 영국 배가 자기 바다에서 대구를 많이 잡아가니 화가 난 아이슬란드는 이걸 막았고, 두 나라 사이에 충돌이 일어났지. 결국 북대서양조약기구NATO가 중재에 나섰고, 바다에도 일종의 국경을 긋는 '배타적 경제수역'을 정하게 되었단다.

대구 때문에 전쟁도 하고, 바다에 경계선도 긋고. 이렇게 전 세계인이 좋아하는 물고기인데도, 대구는 양식을 하기가 어려워. 노르웨이에서 대구 양식을 시도하고 있지만 수요를 충당할 만큼 성공적이진 못해. 자연산 대구의 주요 어장인 미국의 조지스뱅크와 캐나다 그랜드뱅크스가 무너지면서 대구를 대신할 새로운 양식용 물고기를 찾느라 난리도 아니야.

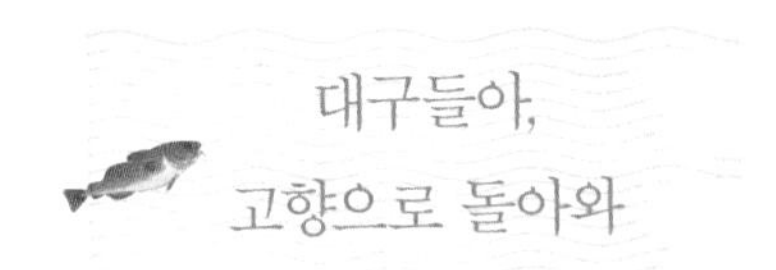

대구들아,
고향으로 돌아와

그럼, 이제 우리나라의 대구 이야기를 해 볼까! 우리나라에서 대구가 가장 많이 잡히는 곳, '대구의 고향'이라 일컫는 곳은 거제란다. 특히 거제와 부산 사이의 진해만과 가덕수로는 대구가 알을 낳기 위해 찾는 곳이지. 그래서 부산에서는

'가덕 대구'라 부르고, 거제에서는 '거제 대구'라 하면서 서로 최고라고 자랑을 해. 이곳 대구는 여름이면 알래스카 부근 베링 해까지 이동했다가 겨울이면 알을 낳기 위해 동해를 거쳐 진해만을 찾아온단다.

대구나 연어 같은 물고기가 어떻게 자신이 태어난 곳까지 다시 찾아오는지는 아직 명확하게 밝혀지지 않았어. 다만 태어난 곳이 그 물고기가 알을 낳기 좋고, 먹이가 풍부해 새끼들이 잘 자랄 수 있는 곳이라는 것만은 분명해. 아이들이 자라기 좋은 환경을 찾아 부모가 이사를 다니는 것처럼, 대구도 그래.

조선시대에도 진해만은 대구로 유명했어. 그 당시 마산은 대구가 많이 잡히는 남해안 최대 포구였지. 일제강점기까지만 해도 진해만에는 대구가 아주 흔했어. 일 년에 1백만 마리가 잡혔다고 하니 어마어마하지. 겨울철 대구잡이로 일 년을 먹고살 수가 있었대.

그런데 한국전쟁 후 줄어들기 시작하여 1980년대에는 인공 수정란을 방류해야 할 정도에 이르렀어. 왜 그 많던 대구의 숫자가 줄어들었을까? 북대서양 대구 어장에서 그랬던 것처럼 근대화된 장비로 대량으로 잡은 게 문제였어. 여기에 냉동 기술까지 발달하면서 지속적으로 남획을 하다 보니 대구 씨가 마른 거지. 물론 바다 오염과 수온의 변화도 영향을 미치긴 했을 거야.

게다가 명태가 사라지면서 대구 소비가 엄청 늘어난 것도 무시할 수 없지. 우리나라 사람들은 명태를 잡아 아주 다양한 요리를 해 밥상에 올렸어. 그런데 1980년대에 이르러 다 자란 명태는 물론이고, 아직 어린 명태 새끼인 '노가리'까지 수없이 잡아 댔더니 동해에서 명태 구경하기가 하늘의 별 따기가 되고 말았지. 명태 얘기는 뒤에서 좀 더 자세히 할게. 아무튼 대구도 명태처럼 흰 살 생선인 데다가 찜, 탕, 조림 같은 요리 방법도 비슷해 명태 대신 사람들에게 사랑받기 시작했지.

명태를 마구 잡다 명태 어장을 잃었으면서도 어부들은 대구가 돈이 되니까, 다시 마구잡이로 대구를 잡기 시작했어. 당연히 대구가 많이 잡히던 거제 외포 앞바다는 얼마 못 가 텅 비어 버렸지. 대구의 고장이라던 말이 무색하게 대구가 잡히지 않을 때는 일 년에 50~60마리 잡기도 힘들었다지 뭐야. 상황이 그러니까 대구 한 마리에 20, 30만 원 할 정도로 값이 뛰었어. 대구는 수명이 14년 정도라서 한 번 그 수가 줄면 어린 대구가 어른이 되어 스스로 짝짓기를 해서 다시 수가 늘어나는 게 정말 어렵대.

그제야 뒤늦게 정신을 차리고 거제해양수산사무소(마산지방해양수산청), 거제수협, 거제시가 함께 1981년부터 매년 대구 인공 수정란 방류 사업을 하고 있지. 게다가 거제시에서는 대구를 시를 대표하는 물고기로 지정해 대구가 잘 살 수 있도록 바다를 깨끗하게 청소하는 일도 하고 있어.

물론 이런 일은 어민들이 참여하고 시민들이 함께하지 않으면 성공할 수 없지. 어민들과 함께 건강한 암컷 대구를 잡아 알을 받고, 수컷의 정액을 뿌려서 인공 산란을 시작했어. 그렇게 태어난 새끼 대구를 바다로 보냈지. 해마다 이 과정을 반복하고, 어민들도 겨울철 산란 시기 중 한 달은 대구를 잡지 않고 기다렸어. 또 작은 대구는 잡지 않고 그물코도 옛날보다 크게 만들어 대구를 보호했지.

한번 떠난 생물을 다시 돌아오게 하는 것은 이렇게 어렵고 많은 시간이 필요한 일이야. 그래도 노력한 덕분에 대구는 명태처럼 사라지지 않고 겨울철이면 살이 뽀얗고 하얀 대구탕으로 밥상에서 만날 수 있게 되었지.

우리 바다에 돌아온 대구들, 반갑고 고마워! 예전의 교훈을 잊지 말고, 다시 헤어지지 않게 잘 해야겠어. 시원한 대구탕 맛은 대대손손 물려주고 싶거든.

멸치

모두가 사랑하는 물고기

멸치는 어떤 물고기?

청어목에 속하는 물고기로, 등은 푸른색이고 배는 은백색이야. 새나 다른 물고기로부터 자신을 보호하기 위해 수면 가까이에서 무리 지어 생활해. 주로 태평양, 대서양, 인도양의 대륙붕에서 서식하지. 종류는 8종이 알려져 있고, 크기도 2~3센티미터부터 15~17센티미터까지 다양해.

우리나라에서 잡히는 멸치는 겨울에는 일본, 중국 등 먼 바다에 머물다 봄에는 연안으로 몰려오지. 알을 낳기 위해서 오는 것인데 이때 몸에 지방질이 풍부해. 그래서 '봄멸치'가 맛이 좋다고 한단다. 게다가 봄바람과 봄볕은 삶은 멸치를 말리기에 아주 좋아. 그러니까 봄멸치가 좋을 수밖에 없지.

봄이 되면 우리나라 바다로 올라와 5월부터 9월까지 수면 아래 20~30센티미터 층에 알을 낳아. 작은 몸집으로 한 번에 알을 무려 4, 5천 개나 낳지. 멸치는 수온만 맞으면 언제라도 알을 낳을 준비를 하는 생선이야. 알에서 깨어난 어린 멸치는 해조류가 잘 자라는 대륙붕에서 어린 시절을 보내지.

멸치가 사는 바다의 수온은 17~27도, 염도는 30psu 이상이 적당해. 아주 뜨거운 적도나 몹시 차가운 남극, 북극 바다에서는 살기 힘들지.

알에서 깨어나 1년이면 다 자라고, 수명은 2년 정도야. 특히 강 하구나 만처럼, 바다와 강이 만나는 기수해역을 좋아해.

psu(practical salinity unit) 바닷물 1킬로그램에 녹아 있는 물질의 질량을 나타내는 단위로, 염분의 정도를 측정할 때 사용하는 개념이야. 전 세계 바다의 평균 염분도는 약 34.7psu로, 바닷물 1킬로그램 속에 약 34.7그램의 염류가 녹아 있어.

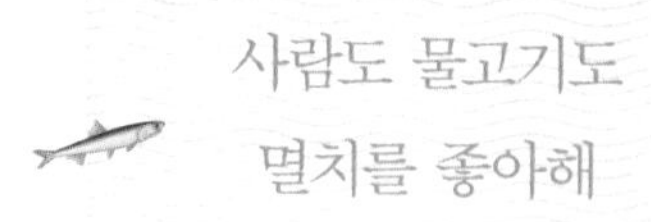

사람도 물고기도 멸치를 좋아해

바닷물고기 가운데 개체 수가 가장 많은 것은 어떤 물고기일까? 누구나 쉽게 떠올리겠지. 바로 멸치야. 그물에 잡혀 물 밖으로 나오면 곧바로 죽는다고 해서 멸할 멸滅 자를 써서 이름도 멸치야. 조선시대 쓰인 바닷물고기 백과사전《자산어보》에서는 업신여길 멸蔑 자에 고기 어魚 자를 써서 멸어라고도 했어. 그걸 보면 당시에는 멸치가 제대로 대접을 받지 못한 것 같아.

그런데 멸치가 다양한 바닷물고기들이 살아가는 데 얼마나 중요한 역할을 하는지 안다면 조상들도 업신여긴 것을 후회할걸. 밥상에 오르는 가장 작은 생선이 멸치지만 '칼슘의 제왕'이라 불리는 데는 이견이 없지. 이렇게 멸치가 인간에게 주는 영양분을 생각하면 그 역할은 고래보다 커 보일 거야.

《자산어보》를 쓴 손암 정약전(1758~1816)은 조선시대에 천주교를 믿다 동생 정약용과 함께 유배를 당했어. 처음에는 전라남도 완도군 신지도로, 나중에는 신안군 흑산도 사리 마을로 유배되었지. 그곳에서 장창대라는 어부를 만나서 바닷물고기 이야기를 듣고, 또 직접 물고기를 관찰하며 남긴

책이 《자산어보》야.

예전에 장창대 어부의 흔적을 찾아서 흑산도 근처 대둔도라는 섬에 간 적이 있단다. 그곳에서 장씨 성을 가진 어르신을 만나 족보도 확인하고 그분이 묻힌 묘지도 가 보았지.

정약전이 유배된 사리 마을은 멸치가 아주 많이 나는 곳이란다. 또 유배 후반기에 머물렀던 신안군 도초면 우이도 진리 마을에서도 멸치잡이를 많이 하지. 유배지에서 멸치를 흔히 보았을 정약전이 《자산어보》에 뭐라고 설명했는지 잠깐 살펴볼까.

> 몸이 매우 작다. 큰 놈이 서너 치 정도이다. 빛깔은 청백색이다. 음력 6월에 나기 시작해서 상강(서리가 내리는 절기로 10월 23일 무렵)에 물러간다. 밝은 빛을 좋아하는 성질이 있으므로 어부들은 밤이 되면 불을 밝혀 멸치를 움푹 패인 곳(주민들은 '개창'이라고 함)으로 끌어들여 그물로 떠올린다.

한번은 진리 마을에서 멸치 잡는 어부를 따라 배를 타고 멸치 그물을 걷는 곳에 간 적이 있단다. 막 잡힌 멸치가 팔딱팔딱 뛰며 햇살에 반짝이는데 정말 눈이 부실 정도였어. 멸치 그물에서 함께 잡힌 은빛 갈치도 볼 수 있었지. 멸치를 탐하다 잡힌 거란다. 동해안에서는 멸치를 먹는 오징어나 고래가 가끔 그물에 걸리기도 해.

멸치 떼를 기다리는 건 사람만이 아니야. 넙치, 볼락, 연어, 방어, 농어는 작은 멸치를 아주 좋아해. 멸치잡이 배 주변에 갈매기가 엄청 모이는 걸 보면 바닷새들도 멸치를 좋아하는 모양이더라.

돌고래들도 반짝이는 멸치 떼를 이제나저제나 기다려. 돌고래는 멸치 말고도 오징어, 정어리도 좋아해. 돌고래가 바다에서 훌쩍 뛰어 오르거나 물살을 가르고 헤엄치는 모습은 정말 멋져. 그런데 어부들한테는 돌고래가 불청객이야. 어부들이 멸치를 잡으려고 바다에 그물을 펼쳐 놓으면 돌고래가 와서 멸치를 쫓아 버리거든. 돌고래도 멸치를 먹고살아야 하니까 어쩔 수 없어. 뭐, 돌고래 입장에서 생각해 보면 멸치 잡는 어부들이 돌고래에게서 먹이를 빼앗는 것일 테지.

진도에서 멸치잡이 배를 탔다가 멸치 떼를 따라온 상괭이를 20여 마리나 본 적이 있어. 얼마나 장관이던지. 고래류인 상괭이도 멸치를 아주 좋아하거든. 멸치잡이 배를 따라 멋지게 헤엄치는 상괭이들을 보고 있자니 바다의 주인이 누구인가, 알 것도 같더라니까.

그리스 사람들도 멸치젓을 먹어?

멸치는 우리나라 동해, 서해, 남해 모든 바다에서 살고, 중국, 대만, 일본 바다에서도 많이 볼 수 있어. 또 스페인, 시칠리아, 프랑스, 이탈리아 같은 지중해 연안에도 많이 살지. 멸치가 흔하니 우리나라 사람들은 김장이나 찌개에 멸치액젓을 즐겨 썼고, 지중해 사람들은 멸치로 앤초비를 만들어 먹었어. '앤초비'는 쉽게 말하면 지중해식 젓갈이라고 할 수 있지. 멸치를 소금에 절여 숙성시킨 뒤 올리브 오일에 재워 만들어. 파스타나 피자, 샐러드 같은 여러 가지 요리에 많이 넣어 먹는단다.

인류가 멸치를 먹어 온 것은 오래전 로마시대까지 거슬러 올라가. 로마시대에 먹었던 '가룸'이라는 조미료의 주재료가 바로 멸치였다지. 가룸은 일종의 액젓이야. 로마 사람들은 생선을 소금에 절여 발효시킨 가룸을 거의 모든 요리에 양념으로 썼어. 빵과 보리죽 말고는 먹을 것이 없었던 로마의 가난한 사람들은 가룸 덕분에 비타민과 미네랄 같은 영양분을 섭취할 수 있었어. 폼페이 유적에서는 가룸을 담아 두었던 항아리가 출토되기도 했지. 어지간히 즐겨 먹었던 모양이야.

지금의 프랑스 갈리아 지역이 그 당시 액젓 생산의 중심지였어. 바닷가에 작은 목욕탕처럼 생긴 구덩이를 파고, 멸치뿐만 아니라 참치, 고등어 같은 물고기까지 넣어 소금에 절여 햇볕에 놓아두면 미생물에 완전히 분해되어 가룸이 되는 거야. 참치와 고등어로 만든 가룸이 최상품이었고, 멸치로 만든 것은 값이 싸서 일반 백성들이 잘 먹었지. 최상품 가룸은 엄청 고가의 향수 값과 견줄 만큼 비쌌어. 지금 지중해 연안 나라들이 즐겨 먹는 앤초비 소스의 원조가 바로 가룸이야.

멸치 소스라면 베트남도 빼놓을 수 없지. 베트남 음식 대부분에 곁들여 먹는 '느억맘'이라는 소스가 바로 생선으로 만든 거야. 느억맘을 만들 때도 멸치와 소금이 주로 쓰여. 베트남뿐 아니라 캄보디아, 타이, 라오스, 필리핀 같은 동남아시아 국가 대부분이 멸치로 만든 장을 먹어. 필리핀에서는 고구마를 먹을 때 소금에 절인 멸치를 얹어 먹기도 해. 마치 우리가 김치나 김칫국을 함께 먹는 것처럼.

그리고 인도네시아, 말레시아, 베트남, 필리핀 같은 나라들도 우리처럼 멸치로 국물을 우려서 요리를 했어. 이 나라들 모두 섬과 바다가 많아서 멸치를 많이 잡는다는 공통점이 있지.

그럼 동양과 서양 구분 없이, 왜 많은 나라에서 멸치 액젓,

멸치 젓갈을 먹었던 것일까? 답은 간단해. 멸치 액젓을 넣으면 음식이 더 맛있어지기 때문이지.

멸치를 소금에 절여 젓갈을 만들면 생선 단백질이 발효되면서 감칠맛이 나는 성분인 아미노산으로 분해돼. 그러면서 맛도 좋아지고 영양가도 높아지지. 이런 젓갈은 다른 생선이나 소고기, 돼지고기, 닭고기 같은 고기와 만나면 진가를 발휘해. 젓갈에 들어 있는 단백질 소화 효소와 지방 분해 효소 때문이지. 돼지고기를 먹을 때 새우젓을 곁들여 먹는 것처럼 육류 요리에 멸치젓을 더하면 느끼함도 없애고 소화도 훨씬 잘된단다.

국을 끓이거나 고기를 굽거나 채소를 무칠 때 멸치젓을 즐겨 넣는 까닭이 바로 여기에 있어.

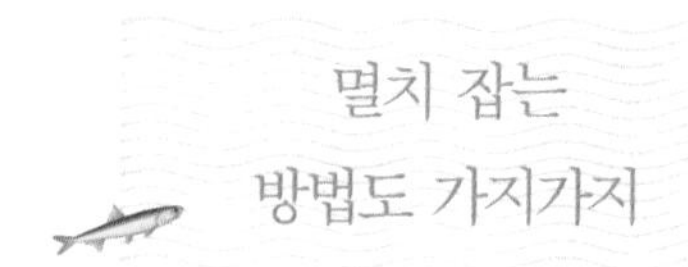

멸치 잡는 방법도 가지가지

우리 집에서 먹는 멸치는 대개 진도에서 온 거야. 진도 앞바다는 바닷물 흐름이 아주 빠른 곳이지. 빠른 물살 덕분에 임진왜란 때 이순신 장군은 열두 척의 배로 왜선 수백 척을 무찌를 수 있었어. 그 전투가 벌어진 곳이 진도 울돌목, 그러니까 명량 해협이야. '명량'은 바다가 운다는 뜻인데, 하도 물살이 빨라 암초에 부딪히는 소리가 우는 것같이 들려 그렇게 불렸대. 이 빠른 바닷물 덕분에 진도에서는 멸치가 많이 잡혀. 멸치 떼가 빠른 바닷물을 따라 진도 바다로 들어왔다가 어부들이 쳐 놓은 자루그물에 갇혀 다시 빠져나가지 못하거든. 이렇게 멸치를 잡는 그물을 낭장망이라고 해.

낭장망은 전라남도 연안에서 많이 볼 수 있어. 양쪽으로 긴 날개가 있는 자루 모양의 그물을 닻으로 고정시키고, 조류를 타고 들어온 멸치나 다른 물고기들이 빠져나가지 못하

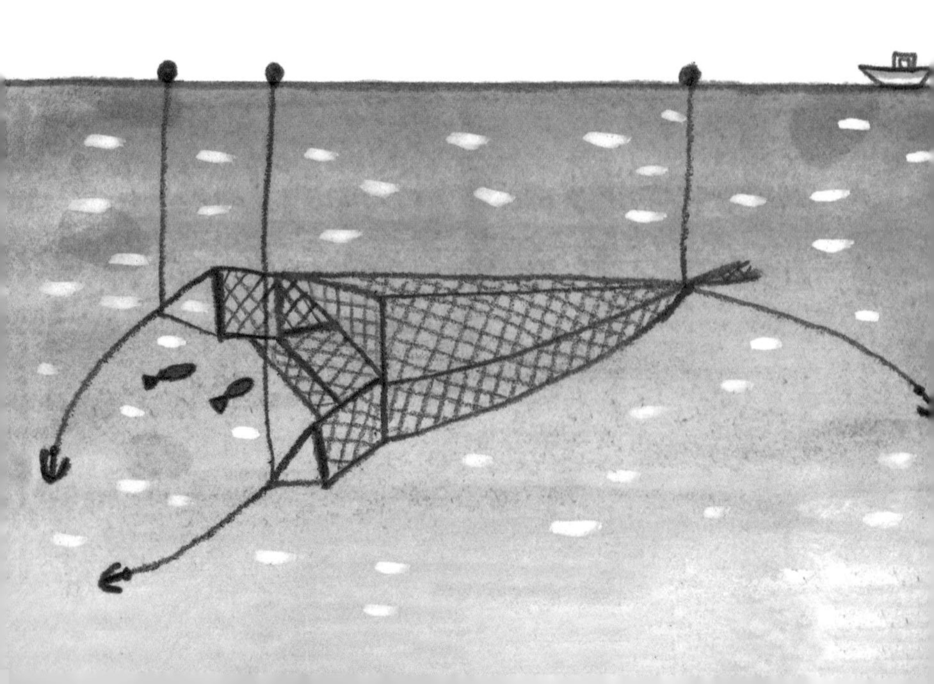

도록 끝부분에는 함정을 만들어. 긴 날개 안으로 들어오는 멸치는 빠른 조류 때문에 그물코가 넓어도 탈출하지 못하고 그대로 임통이라 부르는 함정에 갇힌단다. 임통은 작은 그물코로 만들어져 작은 멸치라도 빠져나가지 못하지.

이런 이유 때문에 바다에 많은 물고기가 공존하기 위해서는 먹이사슬의 아래에 있는 멸치를 잡지 못하게 해야 한다고 주장하는 사람도 있단다. 실제로 낭장망에는 멸치를 먹기 위해 따라온 돌돔, 갈치, 병어 심지어는 상괭이까지 잡히기도 해. 가슴 아픈 얘기이긴 하지만, 세월호 사고가 났을 때 유실된 시신을 찾기 위해 진도 지역의 낭장망을 모두 동원해서 설치한 것도 이 때문이야.

경상남도 남해군에 있는 지족해협도 울돌목처럼 폭이 아주 좁은 바다야. 남해도와 창선도 사이에 있는 이 좁은 바다와 사천시의 작은 섬들 사이에서는 4백 년이나 이어져 내려온 옛날 방식으로 멸치를 잡아. 바로 죽방렴이야.

죽방렴이란 쉽게 말하면 물이 흘러드는 길목에 대나무발 그물을 세워 물고기를 잡는 거야. 죽방렴을 세우는 곳은 물살이 빠르고, 수심도 적당해야 하고, 물고기가 다니는 길목이어야 해. 그런 곳에 V자 모양으로 참나무 말뚝 300여 개를 일정하게 박아. 그리고 그 사이에 대나무를 발처럼 엮어서 울타리를 만들어. V자 끝에는 둥그런 임통(불통)이 있어. 임통은 둥그런 어장으로 밀물에 들어온 멸치가 썰물에 빠져나가지 못하도록 가두는 곳이야. 그렇게 갇힌 멸치를 밀물과 썰물 사이 조류의 움직임이 없는 30여 분 정도 물때에 그물로 건져 뜰채로 퍼 올려 잡는단다.

아주 원시적인 방법이지. 그만큼 사람 손이 많이 가고, 자연에 가까운 방법이라는 뜻이야. 잡는 과정에서 멸치가 스트레스도 많이 받지 않고, 비늘이 상하는 일도 적어서 특별히 더 맛있어. 그러니 값도 비싸. 멸치를 잡자마자 배에서 바로 삶거나 가까운 곳에 멸치 삶는 곳이 있어서 신선한 멸치를

얼른 삶아 말릴 수 있으니까 더 좋아.

죽방렴은 아주 오래전부터 있었던 멸치잡이 방법이야. 조선 예종 1년(1469)에 편찬된 《경상도속찬지리지》에 '방전'이라는 것이 나오는데 이걸 최초의 기록으로 보고 있어. 바닷가 마을을 조사하면서 노인들에게 이야기를 들어 보니 진도 조도군 청등도와 관매도 사이, 여수시와 돌산도 사이, 완도군 노화도의 돌산에도 죽방렴이 있었대. 그러니까 지족해협과 비슷한 지형에서는 비슷한 방법으로 물고기를 잡았던 거야. 문화는 그렇게 시작되지. 지금까지 남아 있는 곳은 남해군 강진 바다와 지족해협에 23기, 사천시의 삼천포해협에 21기가 있어.

옛날에 지족 마을에서는 죽방렴을 이용해 멸치를 잡는 사람을 '발쟁이'라 부르기도 했대. 전문 직업인으로서 장인에 해당하지만 천시를 했지. 마치 소금을 만드는 사람을 '염한이', 그릇을 만드는 사람을 '점한이' 그렇게 불렀던 것처럼.

그런데 요즘엔 대접이 달라졌어. 2003년 남해군이 지족 마을을 어촌 체험 마을로 지정하면서 죽방렴 체험 학습장을 만들었어. 지족 마을에 놀러 가면 직접 죽방렴에 들어가 멸치를 잡아 볼 수 있지. 2010년에는 국가지정문화재인 명승(제71호)으로 지정되었어. 또 2015년에는 '국가중요어업유산'

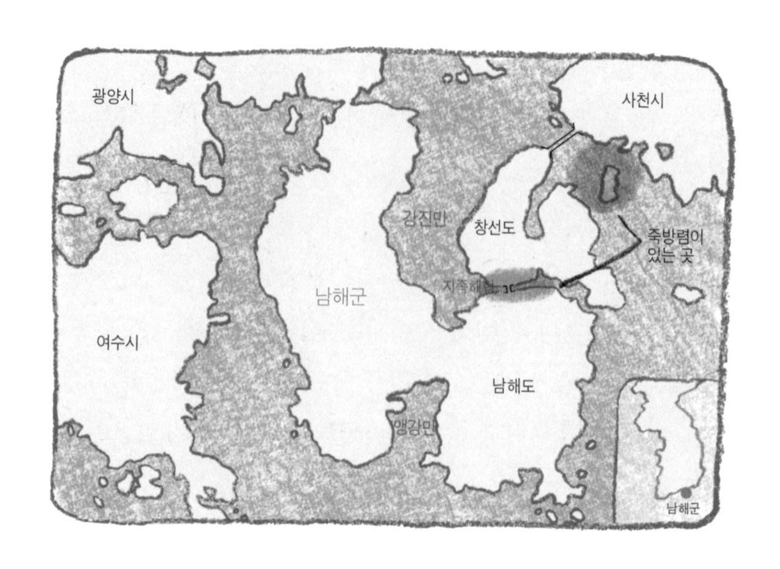

으로 지정되었지. 제주 해녀 어업, 전남 보성 뻘배 어업에 이어 세 번째야.

소중한 어업유산으로 인정받는 건 반가운 일인데, 최근 죽방렴을 운영하는 어부들 사정을 들여다보면 그리 녹록지 않아 보여. 첨단 어업 기술이 속속 등장하고, 물고기 숫자는 점점 줄어드는데 어촌에는 힘 모아 일할 젊은 어부들이 없지. 만약 태풍으로 죽방렴이 망가지기라도 하면 수리하는 데 많은 비용과 노동력이 드는데 소득은 예전 같지 않대. 안타까운 일이야.

같은 남해군이라도 물살이 느린 앵강만이나 강진만에서는 대형 정치망 그물을 이용해 멸치를 잡는단다. T자 모양으로 거대한 그물을 설치해서 잡는데, 위의 가로 그물은 멸치를 가두는 통그물이고, 세로 그물은 멸치를 유인하는 날개라 부르는 유도그물이야. 정치망은 모두 7백여 개의 줄로 묶어서 바다에 말뚝을 박아 고정을 시킨단다. 그래야 태풍을 이겨낼 수 있지. 그물 길이가 1킬로미터에 이르기도 하는데 일주일에 한 번은 바다에서 그물을 꺼내서 그물코를 막는 부착물들을 떨어내야 해. 그래서 일이 많지.

정치망으로 멸치를 잡는 주민들은 죽방렴 멸치보다 품질이 더 좋다고 자랑이 대단해. 보통 봄에 시작해서 크리스마스 무렵까지 멸치를 잡는단다. 앵강만에서 멸치잡이만 30여 년째 해 온 용소 마을의 강경군(64) 씨는 아들 외에 베트남, 인도네시아, 동티모르 등에서 온 외국인 네 명과 함께 일을 하고 있어. 우리나라 사람들은 고기잡이배 타는 일이 힘들다고 잘 안 하려고 한대.

멸치를 그물에서 퍼 올릴 때는 은빛 비늘이 벗겨지지 않도록 조심해야 해. 그리고 잡자마자 뭍으로 가져와 삶아야 한단다. 그래야 품질이 좋아 좋은 가격을 받을 수 있지. 그래서 앵강만이나 강진만같이 육지 가까이에서 잡는 멸치가 좋은 값에 팔리는 거란다. 좋은 자리에 정치망이 있는 어부는 일 년에 수억을 벌기도 해. 놀랍지? 바다가 주는 혜택이 이렇게 대단하단다. 멸치를 잡는 어부들은 그물에 들어온 갈치, 전갱이, 도미마저도 잡어라고 생각한다는구나. 잡어란 중요시하지 않고 반찬거리 정도로 생각하는 물고기를 말해. 어느 그물에 잡히느냐에 따라 물고기도 대접이 달라지지.

사라져 가는 전통 멸치잡이

지난해 필리핀의 카미긴이라는 작은 섬에서 멸치를 잡는 모습을 구경한 적이 있어. 카미긴은 민다나오 섬 북쪽에 있는, 지금도 화산 활동을 하는 작은 섬이야. 섬 동쪽에는 흰모래섬(화이트 아일랜드)이 있어. 바다 가운데 있는 모래 언덕으로, 화산섬이라 대부분 모래가 검은데 그곳만은 하얘. 파도를 타고 밀려와 쌓였기 때문이지. 스킨스쿠버와 스노클링을 하기 좋아 여행객들이 많이 가는 곳이야.

섬 주변에서 원주민들이 그물을 가지고 고기잡이를 많이 하더구나. 그중에서 배 두 척을 가지고 노를 저어서 물고기를 잡는 모습을 봤단다. 한 배에 다섯 명이 타고 힘겹게 노를 저어 그물을 펼치는 동안, 반대쪽에서 열 명 정도가 수영을 하면서 작대기나 손으로 수면을 내리쳐 물고기가 빠져나가는 것을 막았어.

그렇게 해서 그물을 건져서 바닷가로 가져왔는데 보니까 등이 푸르고 배는 하얀 10센티미터 정도의 중멸치야. 잡은 멸치는 함께 잡은 사람들끼리 나누어 갖더구나. 구경하는 사람들도 한 그릇씩 얻어가는 것을 보았단다.

그 모습이 100여 년 전 일제강점기에 우리나라에서 멸치를 잡던 모습과 비슷했어. 《한국수산지 제3집》(1910)에 소개된 흑산도의 멸치잡이를 보면, 횃불을 밝혀 멸치를 해안으로 유인한 다음, 삿대로 수면을 치고 소리를 질러서 멸치를 그물로 떠올리기 좋은 곳으로 몰아서 잡았대. 《자산어보》에 정약전이 소개한 멸치잡이 방법과 비슷하지.

지금은 사라졌지만 신안 가거도에서는 챗배라 부르는 독특한 방법으로 멸치를 잡았어. 경험이 많은 나이 지긋한 어부가 횃불을 들고 멸치를 도망가기 어려운 움푹진 곳으로 유인하면, 챗대라는 긴 장대에 그물을 매달아 떠올리는 방법이지. 가거도 주민들이 노를 젓고, 그물을 올리고, 멸치를 가래로 퍼 올리며 부르는 멸치잡이노래는 문화재로 지정되기도 했단다.

제주도 서귀포시 금릉리에서는 '원'을 이용해 멸치를 잡는단다. '원'은 수심이 깊지 않은 조간대에 돌을 쌓아 담을 만들어 물고기를 가두어 잡는 방법이야. 뭍에서는 독살이라 부르는데, 충청남도 태안과 서산, 경상남도 남해, 전라남도 여수, 해남, 신안 등에 남아 있지.

뭍에서는 독살로 숭어나 갈치를 많이 잡았는데, 제주도 금릉리에서 만난 이방익 할아버지는 마을 앞 원에서 멸치를 잡아 생활을 하셨대. 잡은 멸치를 팔기도 하고 마을 사람들과 나눠 먹기도 하면서 말이야. 할아버지가 멸치를 잡기는 하지만 그 원은 옛날부터 마을 사람들이 함께 고기를 잡아 생활하던 공유 재산이었어. 그래서 파도나 태풍으로 원이 무너지면 마을 사람들이 모두 나와 힘을 합해 고쳤단다.

2006년 처음 할아버지를 만난 뒤 제주도에 가면 가끔 인사를 드렸지. 그런데 몇 년 전 찾아뵈었더니 이제 더 이상 원까지 고기가 오질 않는다며 안타까워하셨어. 원 앞에 누군가 허가를 받아 큰 그물을 설치해 물고기를 잡기 때문이래. 이

조간대 만조 때는 바닷물에 잠기고 간조 때는 땅이 드러나는 해안 지역. 게, 조개, 고둥 같은 다양한 생물들이 사는 곳이야.

대로 가다가는 몇십 년 후엔 원이 사라질지도 모르지.

전통 고기잡이 방식이 계속 남아 있으려면 물고기가 계속 찾아올 수 있게 바다를 지키는 것은 물론이고, 예로부터 내려온 해양문화유산을 보전하려는 노력도 있어야 해.

멸치가 사라진 바다에는

옛날부터 전해 내려오던 죽방렴이나 독살은 멸치가 들어오기를 기다렸다가 잡는 고기잡이 방법이야. 찾아가는 게 아니라 기다리는 고기잡이, 마구잡이로 잡는 게 아니라 내 그물로 찾아온 물고기만 잡는 순한 고기잡이지. 진도, 완도, 여수에서 멸치를 잡을 때 쓰는 낭장망도 같은 원리야.

그런데 요즘은 어떤지 아니? 그물의 길이가 무려 2킬로미터에 이르고 폭은 10미터나 되는 그물로 멸치 떼를 찾아다니고 있어. 한 번에 잡히는 멸치의 양이 엄청나. 우리나라에서 잡힌 멸치의 3분의 2가 '기선권현망'이라는 어업 방식으로 잡힌 거야.

기선권현망은 배 두 척이 바다를 돌아다니다가 멸치를 보면 그물을 던져 양쪽에서 끌어당겨 잡는 방법이야. 그물을 끄는 끌배가 두 척, 멸치 떼를 찾는 어탐선 한 척, 잡은 멸치를 삶는 가공선 한 척, 운반과 연락을 맡는 보조선 두세 척으로 이루어져 있지. 이곳에서 일하는 사람만 무려 60~80명이야. 요즘에는 외국인 노동자들이 배를 많이 탄단다. 고된 일에 비해 임금도 적어 배를 타려는 사람이 없기 때문이지.

멸치잡이는 대개 3월부터 6월까지 이루어져. 멸치가 알을 낳는 4~5월쯤이면 멸치 살이 통통하게 올라 봄에 잡는 '봄멸'을 최고로 쳐. 뼈도 부드럽고 살도 연해서 젓갈용으로 그만이거든. 김치 담글 때 가장 많이 쓰는 게 바로 멸치젓과

새우젓이야.

젓갈용 멸치는 유자망으로 잡는데, 그물을 고정시키지 않고 조류에 따라 흘려보내면서 잡는 방법이지. 그래서 무리 지어 이동하는 남해의 멸치, 동해의 꽁치, 서해의 조기를 잡는 데 많이 사용했어. 2킬로미터가 넘는 긴 그물을 바다에 내려놓으면 멸치가 그물코에 꽂혀 잡혀. 그래서 한 마리씩 떼어 내는 게 아니라 봄 이불 털듯이 털어 내지.

유자망은 어떤 물고기냐, 배 크기가 어느 정도냐에 따라 그 규모를 쉽게 조절할 수 있어서 좋지만 물고기를 씨까지 말릴 가능성이 있는 방법이기도 해.

독살, 죽방렴, 낭장망에 기선권현망과 유자망까지, 멸치 잡는 방법 참 많지? 많은 그물로 싹 잡아 대다 보니 우리 바다에서 멸치가 점점 줄어들고 있어. 그래서 최근에는 멸치 어종 보호를 위해 산란철인 4~6월에는 잡지 못하게 금어기로 정해 놓았어. 또 그물코가 아주 작은 그물도 쓰지 못하게 하지.

금어기 꽃게, 낙지처럼 사람들이 즐겨 먹는 바다 생물 대부분에는 금어기를 법으로 정해 놓았어. 알을 낳고 일정 기간이 지나 새끼들이 어느 정도 크기로 자랄 때까지는 그냥 내버려 두는 거지. 대구의 금어기는 3월, 참홍어는 4~6월, 꽃게는 6~8월, 대하는 5월, 낙지는 6~7월(무안군에서는 5월부터 7월까지 자율금지)야. 지역에 따라 금어기가 다르기도 해. 수온 때문에 산란 시기가 다르기 때문이지.

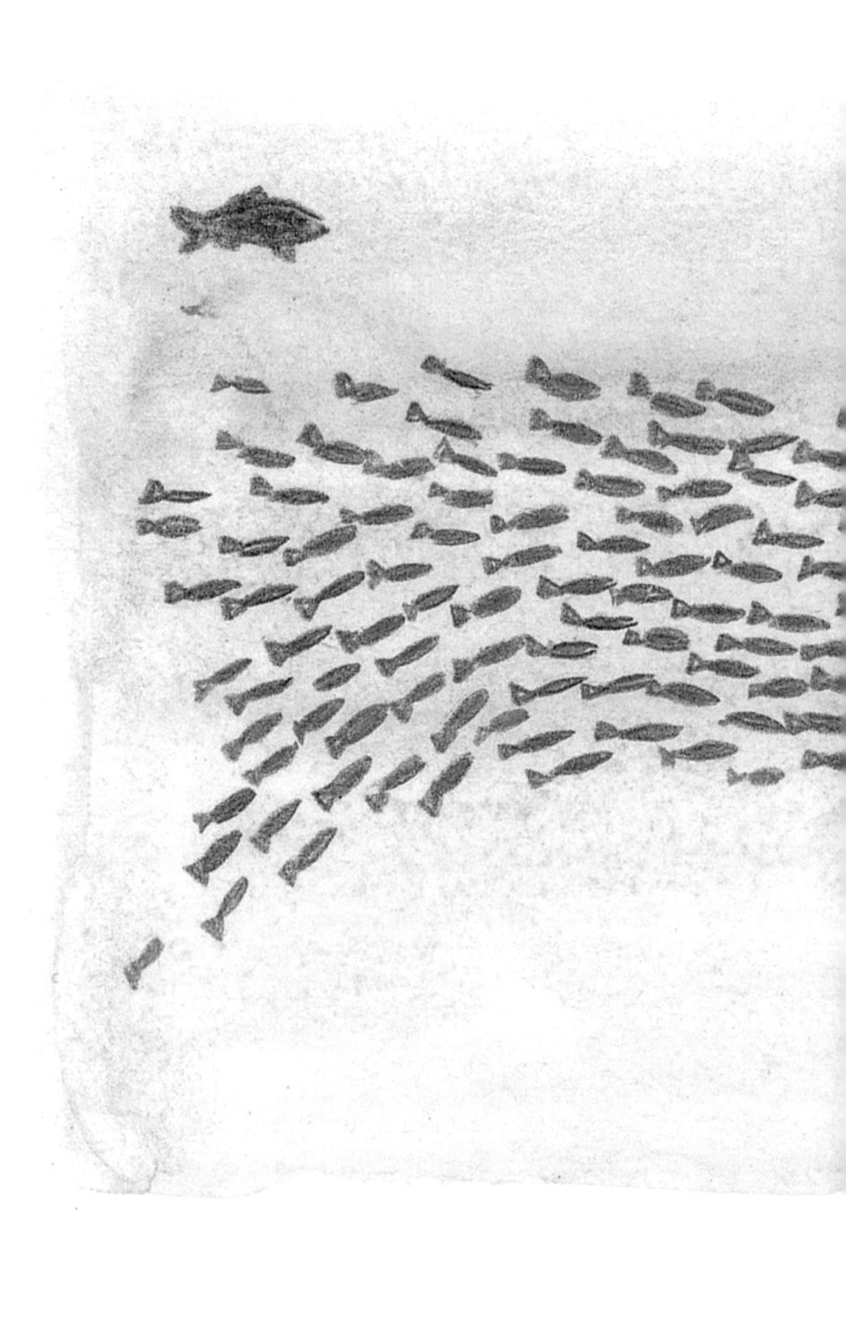

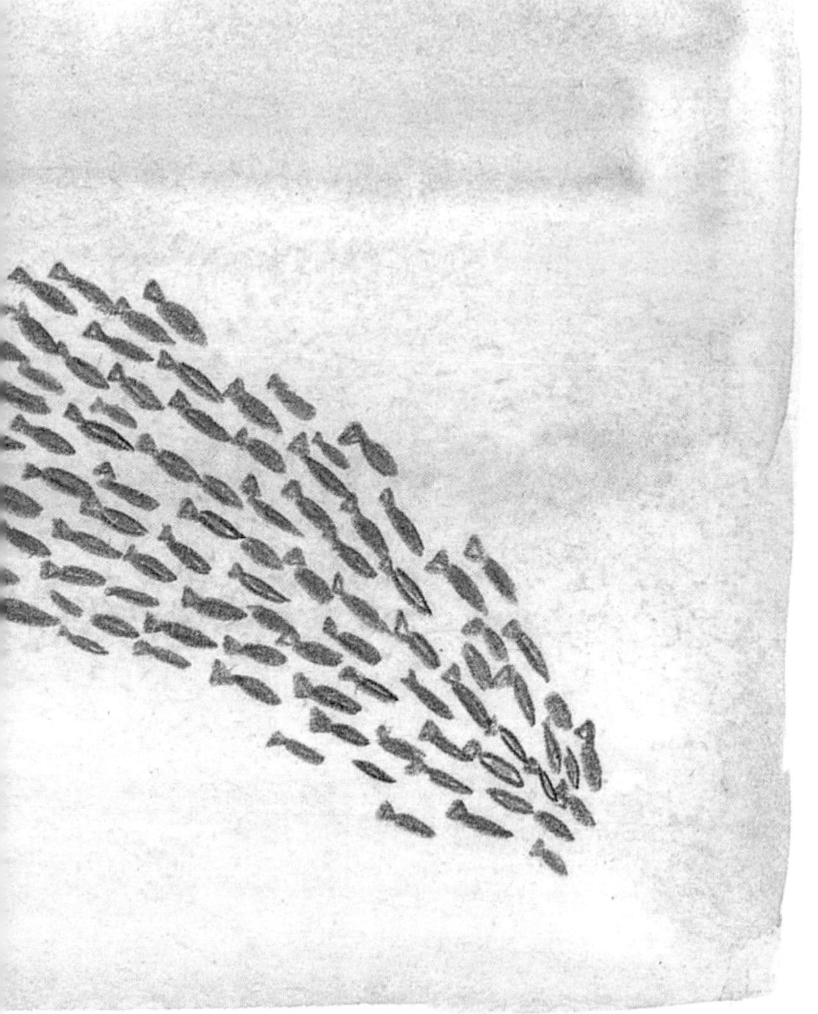

어린 멸치를 다 잡아 버리면 큰 멸치는 구경하기 힘들어질 테니까.

그런데 사실상 금어기가 잘 지켜지지 않아 문제야. 멸치만 잡는 기선권현망, 낭장망 배가 금어기를 지켜도 다른 배들이 지키지 않으면 소용이 없어. 특히 중형 기선저인망 배는 먼 바다에서 물고기를 잡는 배라 금어기가 따로 없어. 그래서 멸치 금어기에 멸치잡이에 나서고 있대. 멸치 숫자는 점점 줄어드는데 많은 고기잡이배가 경쟁해서 멸치를 잡으니 악순환이 계속돼.

멸치는 사람만 먹는 물고기가 아니야. 큰 물고기에게 꼭 필요한 먹을거리고, 고래와 바닷새들도 멸치를 기다려. 멸치가 바다에 많아야 바다가 풍성해져. 먹이사슬은 피라미드 구조로 되어 있어서 작은 물고기들이 많아야 큰 물고기들도 많이 살 수 있거든. 그래서 멸치가 잡히는 양으로 다른 물고기가 얼마나 잡힐지 가늠할 수도 있어.

한 신문에서는 멸치를 미역 같은 해조류, 낙지와 함께 우리나라에서 믿고 먹을 수 있는 청정식품으로 꼽았단다. '청정식품'은 생산, 운송, 가공 과정을 믿을 수 있는 식품을 말해. 수산물로 이야기하자면 깨끗한 바다에서 자라야 하고, 운반하는 과정에서 상하지 않아야 해. 생산지에서 소비자의 식탁에 오르기까지 이동 거리가 짧을수록 좋지. 그래서 죽방렴 멸치, 정치망 멸치, 낭장망 멸치가 좋은 거야.

멸치가 청정식품이 된 이유는 또 있어. 육지의 모든 것들은 대기나 하천을 거쳐 바다로 흘러가. 여기에는 오염 물질이나 중금속도 함께 섞여 있지. 당연히 이런 오염 물질은 바다 생물들의 몸에 흡수돼. 먹이사슬에 따라 해조류와 플랑크톤을 거쳐 멸치, 고등어, 참치, 범고래 순으로 옮겨 가지.

그런데 중금속과 오염 물질은 계속 몸속에 남아 있어서 먹이사슬 위에 있는 생물일수록 더 많이 몸에 쌓여. 이것을 '생물 농축'이라고 해. 생물 농축 정도가 가장 낮은 식품이 먹이사슬의 아래에 있는 멸치와 자연산 해조류, 정화 작용을 하는 갯벌에 사는 낙지야.

아주 작은 물고기지만 몸에 좋고, 맛도 좋고, 바다를 풍성하게 만드는 멸치. 밥상에 올라온 멸치가 새롭게 보이지? 소중한 멸치가 우리 바다에 그득할 수 있도록 물고기를 잡는 방식도 더 많이 고민하면 좋겠어.

명태

돌아와요
국민 생선

명태는 어떤 물고기?

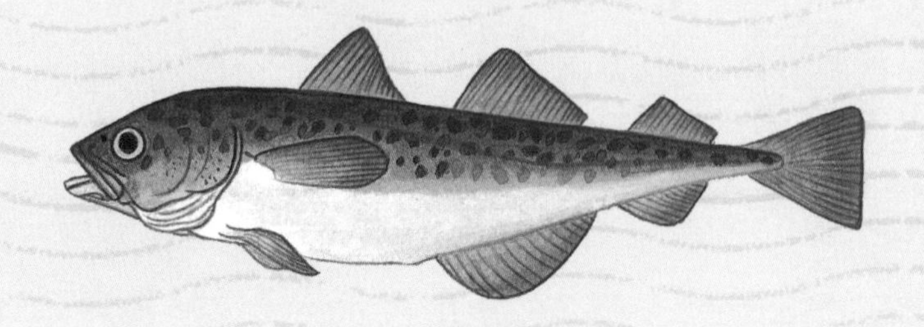

모양이나 생김새나 쓰임새로 볼 때 명태와 가장 가까운 친척은 대구야. 대구목 대구과 명태속이라는 생물학적 분류도 이를 과학적으로 입증하고 있지. 또 차가운 바닷물에서 살아가는 물고기라는 특징도 같아.

명태는 등지느러미가 세 개, 뒷지느러미가 두 개, 눈은 왕방울처럼 크고 머리도 크며, 등은 푸른 갈색이며 배는 은빛 백색이야. 대구처럼 입이 크고 주둥이 아래에 수염이 있지만 분명하게 보이지는 않는단다. 아래턱이 위턱보다 튀어나와 있어.

주로 동해 이북, 일본 홋카이도, 오호츠크 해, 베링 해, 태평양 등에 분포하지만, 우리나라 명태의 회유 경로, 산란장의 위치는 추정만 할 뿐 정확하게 조사되지는 않았어. 다만 오호츠크 해에서 겨울에 한류를 타고 강원도까지 내려오는 무리와 동해의 깊은 냉수대에서 여름을 지내다 겨울에 연안으로 접근하는 무리가 우리 동해에서 잡히는 계군일 것이라 생각하지.

한반도에서는 북한의 신포 앞바다와 우리나라 강원도 고성 앞바다에서 서식해. 작은 새우나 물고기를 먹고 살지. 차가운 바다에서 사는 물고기여서 수온이 높은 여름에는 수심 5백 미터가 넘는 깊은 바다에서 살고, 알을 낳는 겨울철에는 수심 1백 미터 안팎의 바다로 이동해. 12월부터 4월까지 수온이 주로 3~5도일 때 산란을 한단다.

암수가 따로 떼를 지어 생활하다가 세 살부터 다섯 살 사이에 짝짓기를 해. 명태 한 마리가 25만~40만 개의 알을 낳아. 명태의 수명은 보통 8년이야. 너무 짧게 산다고? 그 정도면 인간으로 보면 80세 정도는 될 거야.

계군 같은 지역에 살며 유전자 조성과 생태학적 특성이 같은 집단.

알고 보면 친근한 물고기

2013년 봄, 미역 따느라 한창 바쁜 부산의 기장에 몇 년에 한 번씩 하는 동해안 별신굿이 벌어졌어. 동해안의 굿 가운데 가장 큰 판이라 모든 일을 제쳐 두고 찾아갔단다. 남해안 별신굿이나 서해안에서 하는 굿은 가끔 구경을 했지만, 동해안 별신굿은 좀처럼 구경하기 어려웠거든. 일주일간이나 이어지는 굿이라 시간 맞추기도 쉬웠지.

내가 굿 보러 갔다니까 '굿이라고? 미신이잖아!' 하고 안 좋게 생각하는 친구들도 있을 거야. 그런데 바닷가 마을에서 하는 별신굿은 예부터 내려오는 마을 전통 축제야. 물고기를 많이 잡아 마을이 풍요로워지고, 거친 바다에 나가 일하는 어부들이 무사하길 마을굿을 통해 빌었던 거지.

기장 포구에 도착하니 벌써 굿 할 때 쓰는 기다란 신대를 세우고 신을 굿청에 모시고 있었어. 그런데 굿판에서 내 눈길을 사로잡은 것은 따로 있었지. 바로 명태였어. 마른 명태를 들고 무녀가 춤을 추기 시작하자 주민들이 여기저기서 무녀가 든 명태 입에 돈을 꽂기 시작하는 거야. 생각해 보니 이런 자리에서 명태를 만난 건 처음이 아니었어. 옹진군 선재도에서 새로 배를 마련했다고 고사 지내는 걸 본 적이 있는데, 그

때도 시루떡과 함께 명태가 제물로 등장하더라.

이렇게 명태는 예로부터 제사, 고사, 혼례 같은 관혼상제에 없어서는 안 되는 물고기였어. 새로 마련한 배를 띄울 때 제물로 사용하기도 하고, 자동차 안에 넣어 두고 안전 운전을 빌기도 하고, 개업하는 가게에서는 문설주 위에 명주실로 묶은 명태를 걸어 액을 막고 복을 기원하기도 했지. 굴비로 유명한 영광 법성포의 식당에서도 굴비가 아니라 명태를 걸어 놓았더라고.

그런 걸 보면 아무 생선이나 걸어 놓는 건 아닌가 봐. 왜 그 많은 생선 중에서 명태를 액을 막고 복을 부르는 제물로 사용했을까? 정확하게 알려진 이유는 없어. 다만 명태가 알을 많이 낳기 때문에 '다산'의 상징, '풍요'의 상징으로 널리 알려진 게 아닐까 싶어.

또 물고기는 눈을 감지 않으니 명태가 두 눈 부릅뜨고 나쁜 기운을 몰아낸다고 믿기도 해. 그래서 제물로 올리는 명태는 두 눈알이 다 있는 걸 사용하지. 마른 명태 눈 본 적 있니? 크고 부리부리해서 뭔가를 보고 있는 듯도 해.

명태에 명주실을 감아 올려놓기도 하는데 실은 '장수'를 상징해. 돌잡이를 할 때도 아이가 실을 잡으면 "그놈 오래 살겠네." 그러잖아. 풍요와 장수는 누구나 꿈꾸는 바람이지.

명태는 이름 부자

우리 밥상은 물론이고 일상 곳곳에 스며들어 있는 물고기 명태, 명태가 명태라는 이름을 갖게 된 유래에는 재미난 이야기가 숨어 있어.

조선시대 이유원(1814~1888)이라는 사람이 지은 《임하필기》에 보면, 함경도 명천군이라는 곳에 '태'씨 성을 가진 어부가 살았대. 어느 날 이 어부가 낚시를 하다가 물고기 한 마리를 낚았어. 처음 보는 물고기라 부엌일을 하는 아전을 통해 관찰사에게 드렸지. 관찰사가 먹어 보니 무척 맛이 좋아 이름을 물어보았는데, 아무도 이 물고기의 이름을 몰라. 아전은 그저 "태씨라는 어부가 잡은 것입니다."라고 대답했지. 그러자 관찰사가 "명천의 태씨가 잡았으니, 그 이름을 명태라고 하라." 그랬대.

그래서 이 맛있는 물고기의 이름은 명태가 됐지. 이유원은 함경도 관찰사를 지내기도 했던 사람이야. 함경도는 명태가 많이 나는 곳이었지.

이렇게 명태라 불린 물고기는 그 뒤로 여러 가지 다른 이름을 얻게 됐어. 한번 꼽아 볼까. 겨울에 시원하게 무랑 두부 넣고 끓이는 얼린 명태인 동태, 아빠가 술을 먹은 다음 날 엄

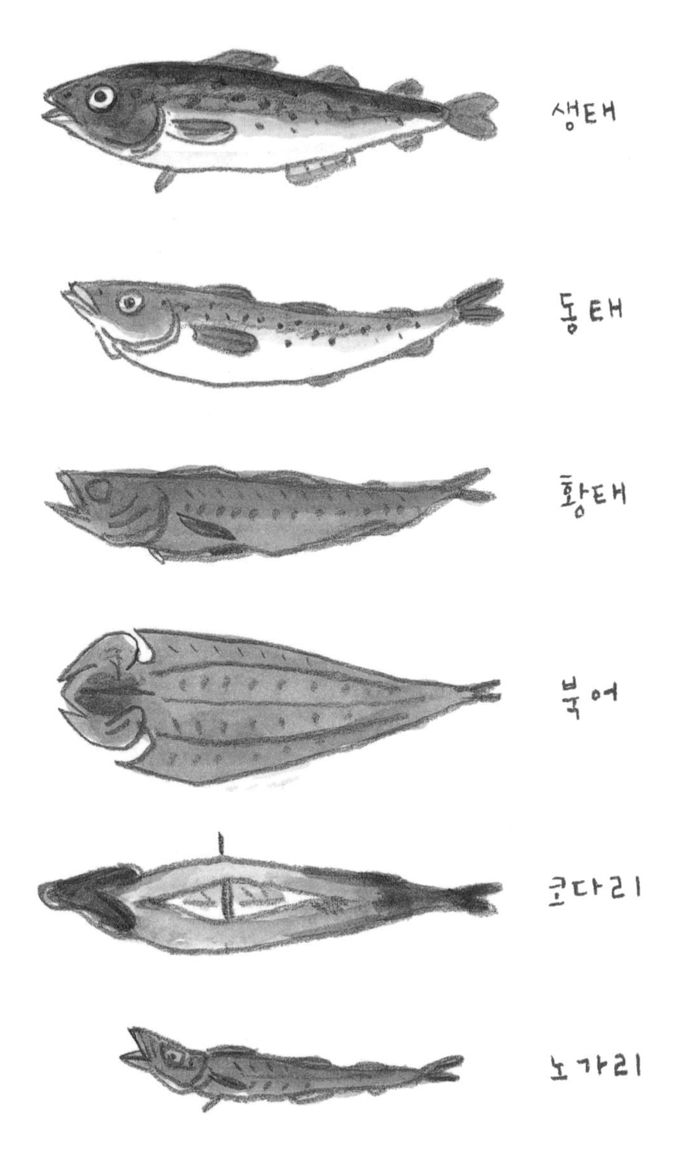
생태
동태
황태
북어
코다리
노가리

마가 북북 찢어 끓여 주는 말린 명태인 북어, 대관령이나 미시령에서 겨울에 얼리고 녹이기를 반복하며 말린 황태, 생태탕을 끓일 때 사용하는 갓 잡은 생태, 어린 명태인 노가리, 반쯤 말린 명태인 코다리.

여기서 끝이 아니야, 봄에 잡힌 명태는 춘태, 가을에 잡힌 명태는 추태, 그물로 잡으면 망태, 낚시로 잡으면 조태, 정말 이름이 많지. 그만큼 많이 잡히고 여러 지역에서 다양한 요리법으로 많이 먹었다는 뜻이야. 국민 생선이라는 말은 그냥 심심해서 붙여 준 벼슬이 아니라니까.

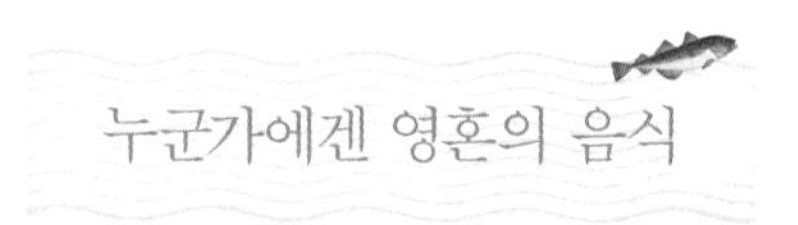

누군가에겐 영혼의 음식

다들 명태로 만든 음식을 한번쯤 먹어 봤을 거야. 명탯국, 북어국, 황태국, 생태탕, 동태탕, 코다리조림, 말린 노가리…… 이름도 조리법도 다 다르지만 이게 다 명태로 만든 거야.

내가 어린 시절을 보냈던 산골 마을에서는 설 명절이나 정월 대보름에 두부를 넣고 명탯국을 끓여 먹는 풍습이 있었어. 그때만 해도 내륙에 사는 사람들은 생선을 구하기가 몹시 힘들었지. 그래서 명절이 다가오면 마을에서 공동으로 명

그래서 이런 이름이 붙었구나

해산물 이름에 얽힌 이야기 중에는 재미나는 것들이 많아. 그중에 몇 가지만 들려줄게.

임진왜란이 일어나서 선조 임금이 궁을 버리고 피난길에 올랐을 때였어. 밥때가 되어 근처 강에서 잡은 생선이 상에 올라왔더래. 먹어 봤더니 맛이 참 좋았어. 선조가 이름을 물었더니 "묵이라 하옵니다." 그래. 선조는 "에잉, 이렇게 맛있는 생선 이름이 묵이라니! 어울리지 않는구나. 오늘부터 '은어'라고 부르도록 해라." 하고 손수 이름을 하사했지. 전쟁이 끝난 후 선조는 은어 생각이 나서 다시 찾아 먹었는데 옛날 맛이 아니었어. "에잉, 입만 버렸구나. 은어라는 이름은 가당치 않다. 도로 묵이라고 해라." 그래서 그 생선은 이름이 '도루묵'이 되었다는구나.

또 재미있는 이름으로는 김이 있지. 김씨가 만들었다고 김이 되었거든. 조선 인조 때 전라남도 광양군 태인도에 '김여익(1606~1660)'이라는 사람이 살았어. 김여익은 바닷가로 밀려온 나뭇가지에 해의(바다 이끼)가 붙는 것을 보고 소나무와 밤나무 가지를 이용해서 해의를 많이 키웠대. 김 양식 방법을 생각해 낸 거지. 그리고 김을 말리는 방법도 개발해 냈어. 태인도 사람들은 너도나도 김을 양식해 하동 시장에 팔았어. 하동 사람들은 태인도 김씨가 기른 것이라 해서 '김'이라 불렀대. 전라남도 태인도에 가면 김여익을 모신 영모제라는 사당이 있고, 김을 처음 양식했다는 비석도 세워져 있어.

태를 사다가 몇 마리씩 짚으로 묶어 미리 준비해 두곤 했단다. 이걸 '세찬'이라고 했는데, 설에 차례를 지내거나 세배하러 온 사람에게 대접하려고 장만한 음식을 일컬어.

무를 썰어 넣고 끓인 명탯국을 할아버지는 정말 시원하다며 좋아하셨지. 그런데 할머니, 아버지, 우리 네 형제에게 국을 떠 주고 어머니는 꼭 명태 머리를 드셨어. 머리가 맛있다고 하시면서 말이야. 어렸을 때는 어머니만 맛있는 머리를 먹는 줄 알고 몰래 부엌에서 머리를 먹어 보았지. 그러다 가시가 목에 걸려 된통 혼이 났단다. 머리에는 먹을 게 별로 없더라고.

어머니가 살이 많은 몸통을 가족들에게 먹이기 위해 했던 말이라는 것을 나중에 알았지. 어머니도 두툼한 명태 살을 좋아했다는 것을. 어렸을 때는 명태 특유의 냄새와 맛 때문에 명탯국을 그리 좋아하지 않았는데, 지금은 그 맛이 그리워. 먹고 싶어도 먹을 수가 없으니까. 명태가 그만큼 귀해졌거든.

축구에 관심 있는 친구라면, 북한의 국가대표 축구선수였고 우리나라 K리그에서도 활동을 했던 재일 동포 정대세 선수를 알 거야. 정대세 선수가 평소에 간식으로 즐겨 먹었던 것이 '조선 명태'래. 함경도나 평안도 출신의 새터민들도 고향을 잊지 못하고 찾는 음식이 명태라고 해. 특히 임신하신 분들은 입덧을 할 때 조선 명태가 그렇게 생각나더래.

이런 걸 보면 입맛은 쉽게 변하지 않나 봐. 그래서 배 속에 있을 때 엄마가 먹은 음식을 찾는다는 말도 하고, 어렸을 때 먹은 음식을 평생 잊지 못한다고도 하지.

북한에서 명태로 유명한 곳이 신포라는구나. 그러니까 조선 명태 하면 신포산이라 해도 될 것 같아. 북한에서 펴낸 지리지 《우리나라 지리와 풍속》에는 명태가 많이 났던 북한 동해의 풍경이 잘 묘사되어 있지. 1980년대까지만 해도 북한의 동해에서 명태가 흔했거든.

> 동해천리 어장과 잇닿아 있는 어항의 도시 신포는 우리나라 최대의 물고기잡이 기지의 하나다. 특히 명태는 신포의 자랑이다. 우리나라 물고기 생산의 절반 이상이 명태인데, 동해 바다 명태 생산량의 70퍼센트는 신포가 차지한다. 명태가 한창 잡히는 겨울철이면 신포시의 집집마다 쌓아 놓은 명태 더미는 산간 마을의 나무 낟가리인 양 높이 솟아난다.

1950년대 전쟁 통에 신포를 비롯해 함경도 사람들이 피난을 와서 동해와 속초에 많이 자리 잡았어. 그 사람들이 내려와 먹을 것이 없어 오징어에 여러 가지 재료를 넣어 만든 오징어순대는 지금은 유명한 먹거리가 되었지. 그런데 함경도 피난민들이 명태로 순대를 만들어 먹었다는 것을 아는 사람은 많지 않아. 명태순대는 명태 내장을 뺀 뒤 두부, 김치, 돼지고기를 채워 보름 정도 밖에 걸어 두어 얼렸다가 쪄서 먹는 음식이야. 밥 대신이나 술안주로 먹기도 했어. 이젠 갈 수 없는 고향에 대한 그리움을 고향에서 먹던 음식으로 대신 채웠던 거지.

누군가에게는 고향의 맛일 명태 요리. 그런데 이젠 그 맛을 제대로 느낄 수 없어. 우리 바다에서 그렇게 많이 잡히던 명태가 이제 사라져 전부 수입하고 있거든. 이게 어떻게 된 일일까?

인간의 탐욕이 부른 명태의 운명

옛날부터 남해를 대표하는 물고기는 멸치, 서해를 대표하는 물고기는 조기, 동해를 대표하는 물고기는 명태라고 했어. 조선시대 사람들이 가장 많이 먹었던 물고기도 청어와 명태였지. 그만큼 바다에 많았다는 이야기야. 그런데 동해의 대표 물고기 명태는 이제 씨를 찾기 어렵게 되었지. 마치 서해 바다에 그득하던 조기를 이제 저 남쪽 제주도 아래까지 내려가야 겨우 볼 수 있을까 말까 한 것처럼.

어떤 사람들은 지구 온난화 때문에 수온이 높아져 명태가 우리 바다를 떠나 북쪽으로 이동했기 때문이라고 하지만, 명태가 사라진 까닭은 그뿐만이 아니야. 어부들이 어린 명태인 노가리를 너무 많이 잡았기 때문이기도 해. 새끼 명태가 어

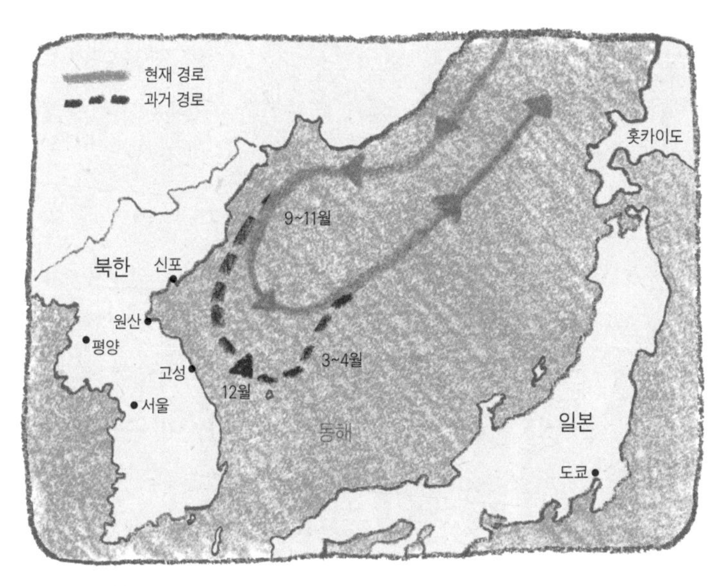

명태 이동 경로

른 명태로 클 때까지 기다리지 못하고 다 잡아 버리니, 새로 태어나는 명태 수도 줄었지. 명태가 알에서 깨어나 어른 명태로 자라는 숫자보다 더 많은 수의 명태를 잡는 일이 반복되면서 명태는 사라져 갔어.

명태를 대량으로 잡기 시작한 초창기에는 27센티미터가 안 되는 어린 명태는 잡지 못하도록 했어. 그때는 한 해에 2만 톤 정도 잡았지. 그러다 1970년에 규제를 모두 풀어 잡을 수 있는 명태 크기 제한을 없애면서 명태 어획량은 7만 톤 이상으로 크게 증가했어. 심지어 1970년대에는 우리가 잡지 않으면 북한 사람들이 다 잡아가서 실컷 먹고 살찔 거라는 웃지 못할 생각까지 했대. 그렇게 이런저런 이유를 대며 명태를 마구잡이로 잡기 시작한 거야.

1975년부터 1981년까지 동해에서 잡은 명태 140만 톤 가운데 어린 명태가 무려 95만 톤으로, 전체 어획량의 68퍼센트나 됐대. 특히 1981년에 잡은 명태 21억 2천만 마리 가운데 새끼인 노가리가 19억 5천만 마리였다지 뭐야. 그러니까 그물에 걸린 명태 열 마리 중 아홉 마리 이상이 알에게 깬지 2년도 안 된 어린 명태였다는 소리야. 명태 새끼를 어른 명태와 아예 다른 종인 것처럼 '소형 명태'로 분류해서 잡아도 된다고 허가하고 저인망 어선으로 마구 잡아 댄 거야.

'명태의 고향'이라 불렸던 강원도 고성의 상황을 볼까? 명태가 한창 몰려오던 1980년에는 고성 앞바다에서 10톤짜리 명태잡이 어선이 하루에 잡는 명태의 양이 무려 2톤이나 됐대. 그때 돈으로 60만 원 정도 되는 양이었는데, 당시로서는 어마어마하게 큰돈이었어. 명태 덕에 고성에서는 어찌나 돈이 흔한지 "개도 만 원짜리를 물고 다닌다"는 말이 있었다고 해.

요번 명태 못 잡으면
동지섣달 엄동설한
토끼 같은 우리 아들딸
여우 같은 우리 여편네
무얼 먹고 산단 말이냐
- 〈고성군 명태소리 전승실태조사 보고서〉, 1959

그러나 명태로 쌓은 영광은 그리 오래가지 못했어. 명태는 수명이 길게는 20년이나 되는 물고기야. 그런데 겨우 2, 3년밖에 안 된 어린 새끼를 그렇게 잡아 댔으니 어떻게 됐겠

저인망 그물을 바다 바닥에 닿게 깔고 배로 끌어서 깊은 바닷속에 사는 조기, 갈치, 명태, 새우를 싹쓸이해서 잡는 방법.

어? 1981년에 13만 톤 이상 잡히던 명태가 점점 줄어들더니, 2006년에는 겨우 6톤을 잡았을 뿐이야. 그때서야 27센티미터가 안 되는 명태는 잡지 못하도록 금지시켰지만, 이미 너무 늦었지.

2007년부터 현재까지 어민들이 잡은 명태를 전부 합하면 1, 2톤에 불과할 정도로 줄었어. 2008년 이후, 정부가 발표하는 명태 어획량은 0이야. 사실상 우리 바다에서 명태는 사라졌다고 봐야 해. 우리나라뿐 아니라 다른 나라의 명태 어획량도 엄청나게 줄었어. 1980년대 중반에는 6백만 톤을 넘었던 명태 어획량이 최근에는 4백만 톤 수준에 머물고 있지.

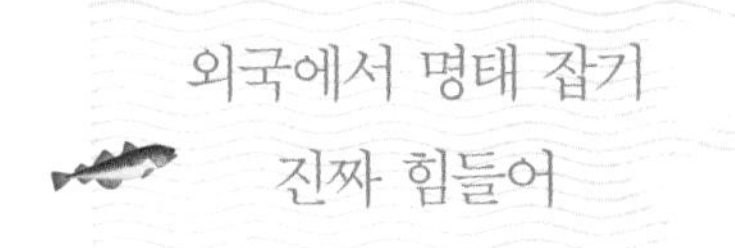

외국에서 명태 잡기 진짜 힘들어

요즘 우리 밥상에 올라오는 명태는 대부분 북태평양의 러시아 바다에서 잡은 거야. 먼 바다로 나가 오랜 기간 머물며 물고기를 잡는 것을 원양 어업이라고 해. 잡은 물고기를 가공해서 저장할 수 있는 시설이 있는 큰 배로 나가지. 우리나라에서 원양 어업을 시작한 것은 1950년대 말부터 1960년대 즈음이야.

처음에는 인도양과 남태평양으로 참치를 잡으러 나갔어. 우리나라 최초의 원양 어선 이름은 지남호, "남쪽으로 향한다"는 뜻을 지닌 배였어. 미국에서 연구 조사선으로 쓰던 것을 사서 개조한 250톤 규모의 큰 배였지. 첫 출어에서 잡은 물고기 가운데 가장 큰 것을 골라 당시 이승만 대통령이 있던 경무대로 옮겼다고 해. 그때 우리나라가 원양 어업에 얼마나 신경을 썼는지 알 수 있는 일화야. 그때부터 참치잡이는 정부의 강력한 수출 정책으로 큰 성장을 거두게 돼.

그 뒤에는 오징어와 명태를 주로 잡았어. 1966년이 되자 베링 해와 캄차카 반도 근해에 진출해 명태를 잡기 시작해. 이 명태를 '북양 명태'라고 했어. 북태평양에서 잡은 명태라는 뜻이야. 명태잡이는 당시 우리나라 원양 어업의 3분의 1을 차지할 정도로 비중이 컸어. 1970년대에 들어서 30만 톤 이상을 잡아들이면서, 바야흐로 명태는 우리나라 사람들의 주요 단백질 공급원이 되어 국민 생선으로 등극하게 돼.

그런데 급격하게 성장하던 원양 어업에도 곧 어두운 그림자가 드리우기 시작해. 1977년에 미국과 러시아가 2백 해리 '배타적 경제 수역'을 선언하면서 우리가 주로 명태를 잡던 캄차카 어장에서 더 이상 명태를 잡기 어렵게 된 거야.

캄차카 어장은 러시아 북동부 캄차카 반도를 중심으로 한 바다로 북서태평양 어장이라고도 해. 오야시오 한류와 쿠로시오 난류가 만나는 곳으로 대륙붕이 형성되어 있어 명태, 청어, 대구 등 우리나라 사람들이 좋아하는 물고기가 많이 잡히는 세계 최대 어장이지.

캄차카 어장을 잃은 뒤 1982년에는 '유엔 해양법 협약'이 채택되면서 2백 해리 배타적 경제수역이 합법화돼. 해안선에서 2백 해리까지를 그 나라 바다로 인정하면서 고기를 잡을 수 있는 어장 규모가 줄어들었지. 그래서 많은 원양 어선들이 배타적 경제수역 밖에 몰려 고기를 잡았고, 그 결과 대구나 명태처럼 이동하며 살아가는 물고기의 수가 많이 줄었어.

결국 미국과 러시아는 명태의 주어장인 베링 해에서 공해로 남은 지역에서도 명태를 잡지 못하게 해. 회유성 물고기인 명태가 자국 바다로 들어와야 하는데 경제 수역 밖에서 다 잡아 버리면 명태 자원에 큰 영향을 끼친다는 게 금지 이유였지. 원래 2백 해리 밖 공해는 국제법만 지키면 자유롭게 이용할 수 있는 게 원칙인데 자기네 마음대로 금지시킨 거야. 강대국의 횡포였지만 방법이 없었어.

외국 바다에서 명태를 잡을 때는 '입어료'라는 돈을 따로 내야 하고, 때로는 그 나라의 배와 함께 잡아야 하기도 해. 그런 불이익을 감수하고라도 우리는 다른 나라 바다에서 명태를 계속 잡을 수 있기만을 바라고 있지. 우리 바다에 명태가 없으니까.

그럼 명태 어장을 가진 러시아의 태도를 한번 볼까? 1991년에 한국과 러시아는 어업 협정을 맺었어. 우리나라 배가 명태를 얼마나 잡을지, 그 어획량을 러시아에게 미리 허락을 받는다는 협정이야. 물론 공짜가 아니고, 선박 회사에서 러시아 정부에 꽤 많은 액수의 입어료를 지불하면서 말이야. 러시아 정부는 명태잡이와 전혀 관계없는 투자를 요구하기도 했어. 울며 겨자 먹기로 들어줘야 하는 요구들이었지.

러시아가 그렇게 나오면 다른 바다에서 잡으면 되지 않느냐고? 우리와 가까운 일본의 홋카이도에서도 물론 명태를 잡았어. 그러다 1999년, 한국과 일본이 맺은 어업 협정에 따라 홋카이도에서도 명태를 잡기가 어렵게 되었지.

지금도 한국의 선박 몇 척이 러시아 북서 베링 해에서 입어료를 내고 명태를 잡고 있기는 해. 그러나 남의 나라 바다에서 잡아야 하니 며칠이나 잡을 수 있는지, 언제 잡을 수 있는지 같은 것도 마음대로 정할 수 없어. 당연히 명태 값도 우리가 정할 수 없고.

2014년에는 러시아 베링 해에서 명태를 잡던 오룡호가 침몰해 선원들이 목숨을 잃은 일도 있었어. 그게 다 남의 나라 바다에서 명태를 잡으면서 치러야 하는 대가라고 해야겠지. 명태 수입이 완전 자유화되면서 국내 명태 소비량의 97퍼센트를 러시아에서 수입하고 있는 게 우리 현실이야. 강원도의 황태 덕장에서 꾸덕꾸덕 말라가는 황태들도 모두 러시아에서 온 것들이니 말 다했지, 뭐.

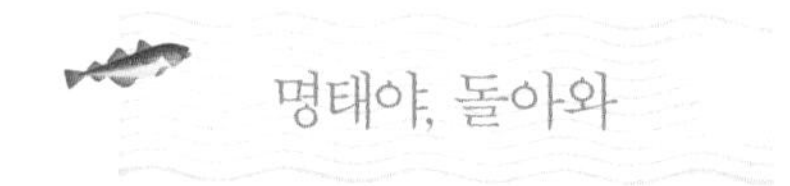

명태야, 돌아와

뒤늦게 국립수산과학원에서는 "동해안 살아 있는 명태를 찾습니다"라는 현상 수배 전단을 만들어 동해안 곳곳에 붙였어. 우리 바다에 명태알을 뿌리고 키우기 위해서지. 시가의 최고 열 배까지 값을 쳐준다고 해도 명태를 가져오는 사람이 없자 현상금 50만 원을 내걸기도 했어.

명태는 차가운 바다에 사는 물고기라서 동해 고성과 삼척 아래

쪽 바다로는 잘 내려오지 않아. 그래서 고성의 거진항이나 아야진항 어민들의 도움으로 2014년 모두 101마리의 명태를 모았지. 약속한 대로 살아 있는 명태는 한 마리에 50만원, 죽은 명태는 5만원, 죽었어도 60센티미터가 넘는 명태는 10만원의 보상금을 주었어. 그런데 힘들게 부화시킨 새끼들이 대부분 죽고 말았어.

2015년 강원도 해양심층수 수산자원센터는 고성에서 잡은 암컷 명태와 사육하던 수컷 명태로부터 72만 5천여 개의 수정란을 얻었어. 동해수산연구소, 강릉원주대 등에서 나누어 연구를 하고 있고, 일부는 부화시켜 그중 2만여 마리를 12월 18일 고성군 저도 어장 인근에 놓아주었어.

명태 살리기 프로젝트는 이제 시작이야. 새끼 명태가 자라서 알을 낳고, 거기서 나온 새끼가 다시 산란을 해야 완전히 성공한 거야. 그리고 놓아준 새끼가 고성으로 다시 돌아오는 숫자를 살펴야 성공 여부를 가늠할 수 있지. 정말 어렵고 힘든 일이야.

명태를 양식하는 데 완전히 성공한 나라는 초보적인 수준이지만 아직까지 일본뿐이래. 일본과 러시아에서는 이미 명태 수정란을 확보하는 데 성공했어. 그렇지만 좀 도와 달라고 해도 자국의 어족 자원을 보호해야 하는 그 나라들이 협

조를 해 줄 리 없었지. 우리나라는 부분 성공까지 이른 셈이야. 정부에서는 2020년까지 명태가 다시 동해안으로 돌아오도록 만들겠다고 해.

이렇게 되기 전에 미리 좀 잘 보존했으면 얼마나 좋았을까. 명태가 사라진 데는 인간의 남획, 기후 변화, 연안 오염, 해양 생태계 변화 같은 여러 가지 원인이 복합적으로 영향을 끼쳤겠지만, 내 생각엔 그 가운데 남획이 가장 큰 문제였던 것 같아. 명태가 주로 사는 깊은 바다는 수온 변화의 영향을 거의 받지 않으니까. 어린 명태의 남획으로 명태가 사라져 버린 교훈을 모두가 잘 새겼으면 좋겠어.

명태가 돌아올 우리 바다는 안전할까?

명태, 꽁치, 고등어, 참치, 오징어. 이 바다 생물들의 공통점이 뭔지 알겠니? 좀 어렵지? 힌트를 줄게. 수온과 관련이 있어. 정답은 동해의 차가운 바다에서 산다는 거야. 그러니까 우리나라 동해, 일본 홋카이도, 러시아 바다를 왔다 갔다 하는 특징을 갖고 있지.

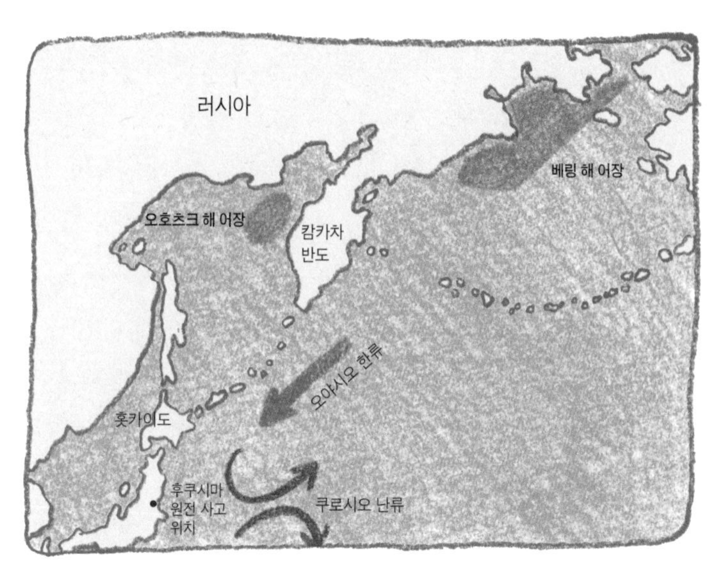

우리나라에 들어오는 명태가 잡히는 바다

그런데 2011년 3월 11일 이 생물들이 사는 바다에 끔찍한 일이 생겼어. 일본 후쿠시마 현에 있는 원자력 발전소에 동북 지방을 관통한 강력한 지진과 이어진 거대한 쓰나미가 덮쳐 큰 사고가 난 거야.

그 사고로 원자력 발전소에 전기가 끊기면서 원자로를 식혀 주는 냉각 장치가 작동을 멈췄고, 결국 온도가 계속 올라가 폭발이 일어났지. 그 결과 방사능 물질이 공기 중으로 새어 나왔고, 빗물과 지하수를 통해 태평양으로 흘러갔어. 발전소에서는 저장 공간이 필요하다는 이유로 방사능 오염수를 바다로 흘려보내기도 했어.

현재는 후쿠시마뿐만 아니라 일본 동북부 지역 전체가 방사능에 심각하게 오염된 상태야. 그리고 방사능 물질이 흘러 들어간 바다 역시 안전하지 않아. 더구나 바닷물은 해류를 따라 이동하니 우리 바다 역시 영향을 받을 수밖에 없어.

그래서 후쿠시마 원전 사고 이후 동해산 수산물을 먹어도 되느냐는 논란이 일었지. 러시아산 명태를 찾는 사람이 뚝 끊겼고, 생태탕 집이나 황태탕 집은 손님이 없어 문을 닫는 곳도 있었단다. 일본산 명태나 고등어 대신 노르웨이산이 불티가 났지.

그런데 사고 이후 4년 동안 일본산 수산물이 우리나라로 13만 톤이나 수입되었대. 정작 우리는 이런 사실도 모르고 먹었던 거야. 일본에서 수입된 수산물이 어디로 갔을까? 말할 것도 없이 대형 급식으로 흘러갔을 거라고 생각해. 군대, 유아원, 유치원, 초등학교, 중학교, 고등학교 같은 곳 말이야. 뒤늦게 이 사실을 알게 된 소비자들은 정부를 믿지 못하겠다며 울분을 터뜨렸지.

지금 당장은 먹어도 몸에 별 이상이 없으니 문제가 없다고 생각할 수 있지만 방사능은 몸에 축적되어 수십 년, 수백 년

후에 증상이 나타나니 더 심각한 일이지. 자식이나 손자에게도 피해가 갈 수 있다는 말이야. 정부는 무역, 외교 등 복잡한 관계를 고려해야 한다고 하지만, 국민들의 건강과 직접 연결되는 먹을거리의 안전보다 더 중요한 게 있을까.

2011년 사고 후 몇 년이 지난 지금 일본은 후쿠시마 원전 사고를 수습하고 있지만 그 과정에서 방사능 오염수가 계속 바다로 흘러나오고 있어. 전문가들은 원전 사고가 나면 제대로 수습해서 이전 상태로 돌리는 일은 불가능하다고 말해.

그런데 일본에서 벌어진 일을 보았으면서도 우리 정부는 원자력 발전소가 안전하다고 홍보하고 있어. 인간은 망각의 동물이라는 말이 맞는 것 같아. 모든 것을 너무 쉽게 잊어버리거든.

명태를 살리기 위해 아무리 노력한다고 해도 후쿠시마 원전 사태 같은 해양 오염 사고가 나면 아무 소용이 없어. 우리 바다를 잘 지키고 보전하는 일도 중요하고, 지구촌 사람들 모두가 한마음으로 지구에 해 끼치지 않는 삶의 방식을 고민하는 것도 중요할 것 같아.

조기
신나는 행진곡을
다시 들려줘

조기는 어떤 물고기?

농어목 민어과에 속하는 물고기로 몸빛은 회색을 띤 황금색이야. 전 세계에 150여 종이 있고, 우리나라에는 조기, 민어, 부세, 수조기, 보구치, 강달이 같은 10여 종이 알려져 있어.

조기류 물고기 머리에는 '이석'이라는 하얀 돌이 있어서, 다른 말로 '석수어石首魚'라고도 했어. 이 돌은 몸의 방향과 평형을 유지시켜 주는 역할을 하는데, 잘라 보면 물고기의 나이를 짐작할 수 있는 나이테가 있다지 뭐야. 신기하지? 특히 조기 대가리에 있는 이석은 꼭 다이아몬드처럼 생겼어. 부세 등 다른 조기류와 구별할 때 좋은 징표가 된단다.

조기를 다른 조기류와 구별해서 특별하게 '참조기'라 부르기도 하는데, 조기 중에 으뜸이라는 말이야. 사실 부세, 보구치, 민어 새끼랑 조기를 한눈에 구별할 수 있는 사람은 드물어. 그만큼 모양이 비슷하거든. 물고기를 그렇게 들여다본 나 같은 사람도 참조기와 부세 정도만 겨우 구별할 수 있을 뿐이야.

조기는 제주도 서남쪽 바다에서 겨울을 보내고 살구꽃 피는 한식이나 청명 무렵에 알을 낳기 위해 서해로 올라오기 시작해. 4월 중순이면 전라도 칠산 바다에, 5월 중순이면 연평도에 이르지. 그리고 압록강 대화도를 거쳐 발해만까지 갔다가 다시 겨울을 나기 위해 남쪽으로 내려가. 조기는 수심 40~200미터 갯벌에 4월에서 8월 사이에 알을 낳으니까, 서해 바다가 알을 낳기 위한 최적의 환경이지.

조기는 서해를 대표하는 물고기로 전라도에서 많이 잡혔어. 함경도에서 명태가 잡히듯이 많이 잡힌다고 '전라도 명태'라는 별명도 붙었지. 조기는 이동할 때 우두머리가 앞서고 나머지는 뒤에 무리를 지어 헤엄치면서 개구리처럼 부욱부욱 소리를 내. 무리를 지어 다니니 일단 만나기만 하면 산더미처럼 잡을 수 있다고 해서 어부들에겐 반가운 물고기야.

맛있는 조기 구별하기는 어려워

옛날 아주아주 구두쇠인 영감이 장에 갔다가 굴비 한 마리를 사 왔어. 식구들은 오늘 생선 맛 좀 보나 하고 기뻐했지. 그런데 웬걸, 영감은 굴비를 밥상에 올린 게 아니라 천장에 매달아 놓더래. 그러고는 밥 한 숟갈 뜨고 굴비 한 번 쳐다보게 한 거야. 아들이 어쩌다가 굴비를 두 번 쳐다보니, 이 영감이 "요놈아, 나중에 얼마나 물을 켜려고 그러냐!" 그랬대.

자린고비의 굴비 이야기 한 번쯤 들어 봤지? 이 이야기에 나온 맛난 생선의 대명사 굴비가 바로 조기를 소금에 절여서 말린 거야.

나라마다 좋아하는 생선이 있대. 중국 사람은 잉어, 일본 사람은 도미, 미국 사람은 연어, 프랑스 사람은 넙치, 덴마크 사람은 대구, 아프리카 사람은 메기 그리고 우리나라 사람은 '조기'라는구나. 《우리가 정말 알아야 할 우리 음식 백가지 2》에 나오는 이야기야.

조기는 우리나라에서 가장 먼저 상품으로 유통된 물고기야. 18세기 이전부터 이미 사고팔던 물고기니까. 당시 조기는 조선 곳곳에서 구할 수 있었던 물고기였어. 특히 관혼상제 의례상을 차리는 데 조기를 빼놓는 일은 상상할 수가 없었지. 경기, 충청, 호남 등 서해와 접한 곳에서는 제사상의 제물로 조기를 꼭 빼놓지 않았어.

그런데 조기는 구별하기가 참 어려워. 조기, 부세, 보구치, 수조기. 이게 다 조기 종류 생선인데 서로 비슷하게 생겨서 얼핏 봐서는 잘 몰라. 얼마 전에 집 앞에 괜찮은 식당이 생겼다기에 점심을 먹으러 갔단다. 큰 골목에서 약간 비켜난 곳에 자리 잡은 깔끔한 식당에는 계절음식을 전문으로 한다고 쓰여 있더구나. 조기 정식을 시켰지. 시킨 음식이 나오기 전에 홍어찜, 삼합 같은 요리가 제법 맛깔스럽게 차려 나와서 기대가 되었어. 그리고 주요리로 나온 것은 얼음 동동 띄운 녹차물에 조기찜이었단다. 녹차물에 밥을 말아 조기와 함께 먹으라는 거였어.

그런데 조기찜을 자세히 살펴보니 조기가 아니라 부세였어. 조기 정식에 나오는 찜은 대부분 부세로 요리한 거란다. 부세는 참조기와 꼭 닮았지만 몸이 더 크고 배가 황금색이지.

참조기는 40센티미터까지 자라지만 실제로 흔히 볼 수 있는 건 20여 센티미터짜리야. 부세는 좀 더 커서 보통 30센티미터 안팎이란다. 생김새도 좀 달라. 주둥이 모양을 보면 부세는 둥그스름하지만 참조기는 각이 져 있고, 꼬리도 부세는 부채꼴 모양으로 매끄러운데, 참조기는 갈라져 있단다. 또 부세는 제1등지느러미의 가시가 8~9개이고, 참조기는 9~11개로 한두 개 더 많아. 결정적으로 부세는 참조기와 달리 머리에 다이아몬드 표시가 없단다. 다음에 조기를 먹게 되면, 지금 들은 얘기로 참조기 맞나 안 맞나 한번 살펴보렴.

우리나라 사람들은 참조기를 최고로 치지만, 중국 사람들은 부세를 황금빛 물고기라고 해서 부의 상징으로 여긴단다. 부세를 선물하면 '부자 되세요'라는 의미로 받아들이지. 50센티미터가 넘는 부세는 경매가가 80만 원을 넘기도 했다는구나.

보구치는 보굴보굴 운다고 해서 이름이 붙여졌는데 흰조기, 백조기라고도 부른단다. 서식지나 회유 시기는 조기나 부세와 비슷해. 몸은 은빛이고, 등은 옅은 잿빛 그리고 배는 하얗지. 보통 30센티미터 안팎이 많아. 결정적인 차이는 아가미 위에 검은 점이란다.

수조기는 위 세 생선과 확실하게 차이가 있단다. 조기류보다는 어린 민어라고 해야 할 만큼 배를 제외하고는 몸에 흰 점이 많고 부세만큼 크지.

참조기는 값이 비싸고, 1센티미터만 차이가 나도 값이 확 뛰어. 다른 생선이 참조기로 둔갑해 팔리기도 하니까 비싼 돈 주고 후회하지 않으려면 잘 살펴봐야 해.

조기 울음소리가 한양까지 들렸대

조기를 잡기 위해서는 우선 조기가 어디에 있는지 찾아야 해. 요즘에는 조기가 지나다닐 만한 곳으로 이동한 후 어군 탐지기로 조기 떼를 찾지.

어군 탐지기는 꼭 컴퓨터 모니터처럼 생겼는데, 물고기 떼가 감지되면 스크린에 물고기 모습이 점점이 찍혀. 배가 물고기 떼 가까이에 있을 때는 이렇게 어군 탐지기로 찾고, 그게 힘들 때는 어부의 경험에 기댈 수밖에 없어. 30, 40년 조기를 찾아다녔던 선장은 물때, 날씨, 바람을 읽으면서 조기가 있을 법한 곳으로 배를 옮겨.

그렇다면 어군 탐지기 같은 특별한 장비가 없었던 조선시대에는 조기 떼를 어떻게 찾았을까? 신기하게도 조기 울음소리를 듣고 조기 떼가 있는 곳을 알아냈어. 먼저 배를 타고 조기가 있을 법한 어장으로 이동해. 그러고는 굵기가 팔뚝만 한 긴 대나무 대롱을 물속에 넣어. 그런 다음 대롱에 귀를 갖다 대고 가만히 소리를 듣는 거야. 어떤 소리를 찾는 거냐고? 음, 개구리가 우는 것 같은 소리. 알을 낳으러 서해로 올라올 때면 조기가 개구리처럼 "부~욱 부~욱" 울었다지 뭐야.

울음소리를 내는 건 조기만이 아니야. 민어과에 속하는 민어, 부세, 수조기도 울어. 민어과 물고기들은 바닥에서 먹이를 먹고 살다가 알을 낳을 때가 되면 몸이 황금색으로 변하면서 수면 가까이 올라와. 수면에 올라와서는 부레를 폈다 오므렸다 하면서 짝을 불러. 떼를 지어 사랑의 세레나데를 부르는 거지.

상상해 보렴. 수천, 수만 마리 조기가 이동하면서 부욱, 부욱 우는 소리를 말이야. 자동차도 없고, 소음도 없고, 공기도 맑았던 그때는 조기 떼가 내는 소리가 긴 파장을 일으키며 더 멀리까지 전달됐겠지. 정약전이 쓴 《자산어보》에는 "조기 울음소리가 한양까지 들렸다"는 대목이 있을 정도야. 어쩌면 어부들에게는 신나는 행진곡처럼 들렸을지도 모르겠다. 정말로 한양 사는 사람들이 그 소리를 들었다면, 살구꽃 필 무렵 칠산 바다로 올라온 오가재비로 만든 굴비를 생각하며 군침을 삼켰겠지. 이 무렵의 조기는 굴비로 만들어 임금에게 진

오가재비 오사리에 잡은, 알이 차고 기름기가 많은 조기를 말해. 오사리는 우수, 경칩, 춘분, 청명, 곡우까지 다섯 사리를 이르는 말이야. 사리는 조기잡이의 한 어기를 말하기도 하고, 가장 많이 잡히는 시기, 바닷물이 가장 많이 들고 나는 시기 등 다양한 의미로 사용된단다. 오사리 기간은 조기가 알을 낳기 위해 서해로 올라오는 시기야. 그래서 이때 잡은 조기로 만든 굴비가 맛이 가장 좋다는구나.

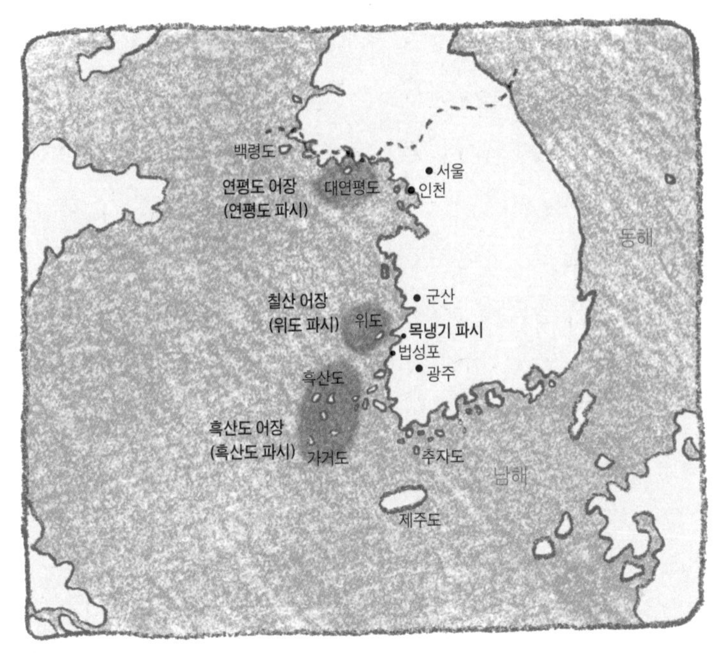

서해 조기 어장

상할 정도로 귀하게 여겼으니까.

조기는 3월이면 흑산도, 4월이면 위도, 그 뒤에는 연평도까지 올라가 알을 낳았어. 조기를 잡느라 1930년대 연평도에는 조기잡이 배가 7백여 척이나 모여들 정도였지. 잡은 조기를 옮기는 운반선만 2천여 척이었다니, 정말 엄청나게 잡혔던 모양이야.

조기를 따라다니는 건 어부만이 아니었어. 조기를 사려는 상인도 있었지. 조기는 무리를 지어 이동하기 때문에 조기 떼가 몰려온 그때를 놓치면 다시 잡기 어려워. 그래서 어장에서 곧바로 조기를 사고팔았어. 어부들은 조기를 팔고 나면 곧바로 다시 조기를 잡기 시작했지.

그렇게 바다 위에 만들어진 시장을 '파시'라고 했어. 조기가 잡히는 가까운 섬에 임시로 집을 짓고 쌀과 나무, 반찬거리, 옷, 술, 생필품 따위를 파는 장이 서는 거야. 흑산도, 위도, 연평도 같은 곳에 조기 파시가 만들어졌는데, 장사하는

사람들도 어부와 조기를 따라 옮겨 다녔어. 어군 탐지기도 없었던 그때, 경험과 대나무 대롱으로 조기의 울음소리를 찾아 만선을 이루었다니, 정말 놀라워.

봄까지도 못 기다려

조기 떼가 있는 곳을 찾은 뒤에는 어떤 방법으로 조기를 잡았을까? 알다시피 서해 바다는 밀물과 썰물 때의 물 높이 차이가 아주 큰 곳이야. 조선시대에는 그 들고 나는 물길의 차이를 이용해 조기를 잡았어. 대나무를 엮거나 돌을 쌓아서 바닷물이 나가는 길을 막는 거야. 그러면 조류를 따라 들어왔던 조기가 그대로 갇히게 되지. 이걸 '어살'이라고 해.

어살보다 조금 발전한 것이 '주벅'이야. 먼저 조류가 센 곳에 말뚝을 박아. 그러고는 자루그물을 설치해. 그러면 밀물 때 들어왔던 조기들이 다시 빠져나가지 못하고 그물에 걸리는 거야. 주벅은 전라도와 충청도에서 많이 썼어.

어살이나 주벅보다 더 발전한 것이 주목망, 중선망, 정선망(닻배)이야. 주목망은 그물을 고정해 잡는 주벅이 발전한 형태야. 중선망과 정선망은 이동하며 잡는 방법이고. 중선망은

자루그물을 배의 양쪽에 달고 다니면서 잡아. 정선망은 직사각형인 여러 폭의 그물을 연결해서 조기가 이동하는 길목에 놓아서 잡지.

그러다 일제강점기에 동력선이 들어오고 안강망이라는 그물이 도입되면서 조기잡이 방법도 크게 바뀌게 돼. 안강망은 조류가 빠른 지역에 긴 주머니 모양의 자루그물을 집만큼 큰 닻으로 떠내려가지 않도록 고정해 놓고 조기를 잡는 방법이야. 일본 규슈의 아리아케 해에서 처음 시작되었고, 1899년에 일본 나가사키 현의 어떤 어민이 우리 서해에 조기가 많다는 이야기를 듣고는 목포를 통해 처음 들여왔대. 나가사키 현의 바다가 우리나라 서해안과 비슷한 조건을 갖춘 곳이어서 가능한 일이었지.

일본 어민들이 서해안에서 조기나 민어를 수탈해 갈 수 있었던 것도 바로 이 안강망 덕분이야. 1900년에는 칠산 바다에 들어와 있던 일본인 안강망 어선이 겨우 수 척뿐이었는데, 불과 몇 년 뒤에는 5백여 척에 이르더니, 1910년대에 이르자 무려 1천여 척으로 늘어나. 서해안 전체로 보면 수천 척에 이르렀을 테지. 그렇게 싹 잡아서 일본으로 많이들 가져갔지. 일본인 안강망 어선이 들어오면서 안강망으로 물고기를 잡는 조선인도 급격하게 늘었어.

해방 후에는 조기를 잡을 때 저인망과 유자망을 쓰기 시작했어. 저인망은 동력선으로 그물을 끌어 바닥에 있는 물고기를 잡는 방법이고, 유자망은 조류에 따라 그물이 흘러가게 두었다가 그물에 조기가 걸리도록 하는 방법이야. 요즘도 안강망과 유자망으로 조기를 잡고 있어. 저인망은 작은 새끼 물고기까지 다 잡는다고 해서 못 하게 줄이는 추세지만.

먼 바다까지 나갈 수 있는 배와 그물이 개발되면서 사람들은 더 욕심을 내기 시작했어. 살구꽃 피는 봄철까지 못 기다리게 된 거야. 조기가 서해로 올라오기 전에, 겨울을 나는 곳으로 먼저 쫓아가서 잡기 시작했지. 조기를 잡겠다고 흑산도, 추자도, 심지어 제주도 남쪽 동중국해까지 내려갔어.

그래서 어떻게 됐느냐고? 명태나 대구의 전철을 똑같이 밟는 거지, 뭐. 이제 더 이상 칠산 바다에서는 황금빛 조기를 만날 수 없어. 물론 장엄한 조기 행진곡도 들을 수 없고 말이야.

간혹 그물에 잡혀 온 조기를 볼 때가 있어. 손바닥만 한 작은 조기가 알을 밴 걸 보면 서글프기까지 해. 좀 더 자란 뒤에 알을 낳아야 하는데, 오죽 사람들이 모질게 잡아 댔으면 그 작은 몸으로 알을 뱄을까, 싶어서야.

자연의 맛 간국
천연 냉장고 간독

내가 맛본 바다 맛 중에 가장 간결한 자연의 맛을 꼽으라면 단연코 조기간국이야. 그 깊은 맛을 글로 어떻게 표현할 수 있을까. 2009년 흑산도에 딸린 작은 섬 대둔도를 찾아갔다가 해가 저물어 문광근 씨의 집에서 저녁을 얻어먹게 되었단다. 우럭 양식을 많이 하는 문씨네 집에는 같이 일하는 사람들이 대여섯 명은 되었지. 섬을 한 바퀴 돌아보고 오니 식사가 끝나가고 있었어. 안주인은 찬이 없다며 조기 한 마리가 들어 있는 맑은국과 밥을 내놓았단다. 생전 처음 보는 국이었지. 겉보기에는 정말 성의 없어 보이는 상차림이어서 약간 실망하기도 했단다.

그런데 맛을 보는 순간 그 생각이 싹 가셨지. 그런 내 마음을 읽었는지, 문씨가 "우리는 입맛 없을 때 간국이 있어야 밥을 먹제라." 그러더구나. 잡은 조기를 꾸덕꾸덕 잘 말려서 보관했다가 여유가 있으면 육수로, 아니면 그냥 물만 넣고 끓여 소금 간을 해서 내놓은 국이 간국이야. 이보다 더 단순하면서도 소박한 맛이 또 어디 있겠니. 흑산도뿐만 아니라 전라남도 진도군에 있는 관매도 사람들도 처마에 조기를 걸어서 말렸다가 한 개 두 개씩 빼서 간국을 끓여 먹곤 했단다. 조기간국 외에 민어간국, 우럭간국도 유명하지.

조기 하면 생각나는 신기한 게 하나 더 있어. 혹시 '간독'이라고 들어 봤니? 조기를 보관하는 천연 냉장고라고 할 수 있어. 2015년 여름 관매도에 며칠 머무르며 주민들을 만나

옛날 섬살이를 들었지. 그때 장산편 마을에서 팔순이 넘은 할머니를 만났단다. 얼굴이 고운 할머니는 83세, 몇 년 전에 돌아가신 할아버지와는 열 살이나 차이가 난다 하셨어.

관매도는 옛날에 조기를 많이 잡았던 곳이란다. 돌아가신 할아버지도 유자망 배를 두 척이나 가지고 연평도까지 오가며 조기를 잡으셨대. 돛을 세우고 바람을 기다리거나 노를 저어서 서해의 남쪽 끝에서 북쪽 끝까지 오가며 고기잡이를 한 거지. 한번 조기잡이를 나가면 조기가 나지 않을 때까지 집에 안 들어올 때가 많았대. 봄에 나가서 여름까지 바다에 머물기도 했다지. 이럴 때는 선원들이 먹을 쌀, 김치 같은 먹을거리를 챙겨가야 해. 이걸 '식고미'라고 한단다. 할머니가 이 모든 것을 챙겨서 칠산 바다로 떠나는 할아버지를 배웅했단다.

배를 타고 가기 전에는 꼭 마을 앞 성황당 당산나무 아래서 만선과 선원들의 안전을 기원하는 제를 올렸지. 그 마을 당산나무는 흑비둘기가 머문다는 후박나무로 천연기념물로 지정되었어. 지금도 주민들은 나무가 마을을 지키며 나쁜 것들이 마을로 들어오는 것을 막고, 풍어를 가져다준다고 믿고 있지.

운이 좋아 조기를 가득 잡으면 바로 영광 법성포, 목포 등에 팔기도 했지만 때로는 집으로 가져와 소금에 절여 보관하기도 했어. 지금처럼 냉장고가 있던 때도 아니기에 땅을 파서 보관창고를 만들었단다. 마치 김칫독을 땅에 묻는 것처럼.

관매도에서 보았던 간독은 마루 밑에 있었지. 깊이 1미터에 가로가 2미터, 세로가 1.5미터 정도였어. 크지 않는 마루에 간독이 두 개나 있었단다. 이곳에 소금에 절인 조기를 착착 재어 놓았다가 적당한 때 가져다 팔았단다. 그러니까 조기가 많이 나올 때는 제값을 받지 못하니까 보관해서 가격이 오르면 시장에 내는 거야. 정말 현명한 방법이지.

이런 간독은 조기가 많이 잡히는 위도, 연평도 등 여러 섬에 있었단다. 조기만 이렇게 보관하는 게 아니라 고등어가 많이 잡혔던 통영 욕지도에는 고등어간독이 있었어.

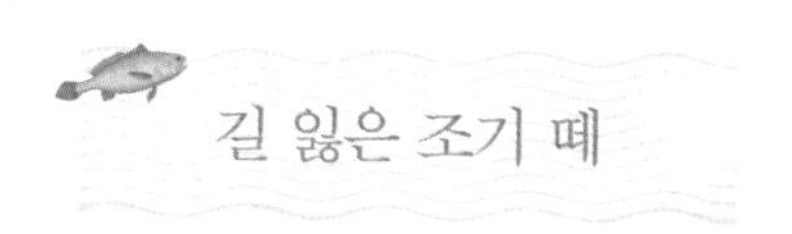

길 잃은 조기 떼

조기가 서해 바다에서 사라진 게 꼭 고기잡이 도구가 발달했기 때문만은 아닌 것 같아. 먼 바다에서 조기를 다 잡아 버리는 것도 물론 문제지만, 내가 보기엔 그보다 조기가 알을 낳고 어린 새끼들이 안심하고 자랄 수 있는 서식지가 사라진 게 더 큰 원인 같아. 서해 바다에서 조기들이 가장 즐겨 찾던 곳은 칠산 어장이었어.

조기잡이 어부들이 "돈 실러 가자" 노래를 부르던 곳이 바로 '칠산 어장'이지. 칠산 어장이 어딘지 어부들 말을 들어 보면, 임자도 북쪽 바다부터 위도에 딸린 왕등도 남쪽 바다까지 정도일 거래. 그 중간에 굴비의 고장 영광 법성포가 있지. 칠산 어장은 법성포 파시, 위도 파시가 섰던 곳이야. 그만큼 조기잡이로 번성했던 곳이지.

법성포 앞바다에 무인도 일곱 개가 있는데 이름도 일산도, 이산도, 삼산도…… 칠산도였어. 그 무인도를 '칠뫼'라고 했는데, '칠산 어장'이란 이름도 아마 거기서 온 게 아닐까 싶어. 이 일곱 섬 일대가 칠산 바다의 중심이야. 이곳 바다는 갯벌과 모래가 적당히 섞여 있어 조기가 알을 낳고 새끼를 키우기 딱 좋은 곳이었어. 새우도 많아서 먹이도 풍성했지.

칠산 바다를 찾아오는 조기가 점점 줄어들기 시작한 건 1960년대부터였어. 그때부터 조금씩 줄더니 어느 순간 조기잡이 배들의 발길이 뚝 끊어졌지. 조기가 사라지니까 연평도, 황도, 위도 같은 서해의 대표적인 조기잡이 마을의 풍어제와 당산제도 사라졌어. 물고기가 사라지면 이렇게 물고기와 함께해 온 전통문화도 같이 자취를 감추지.

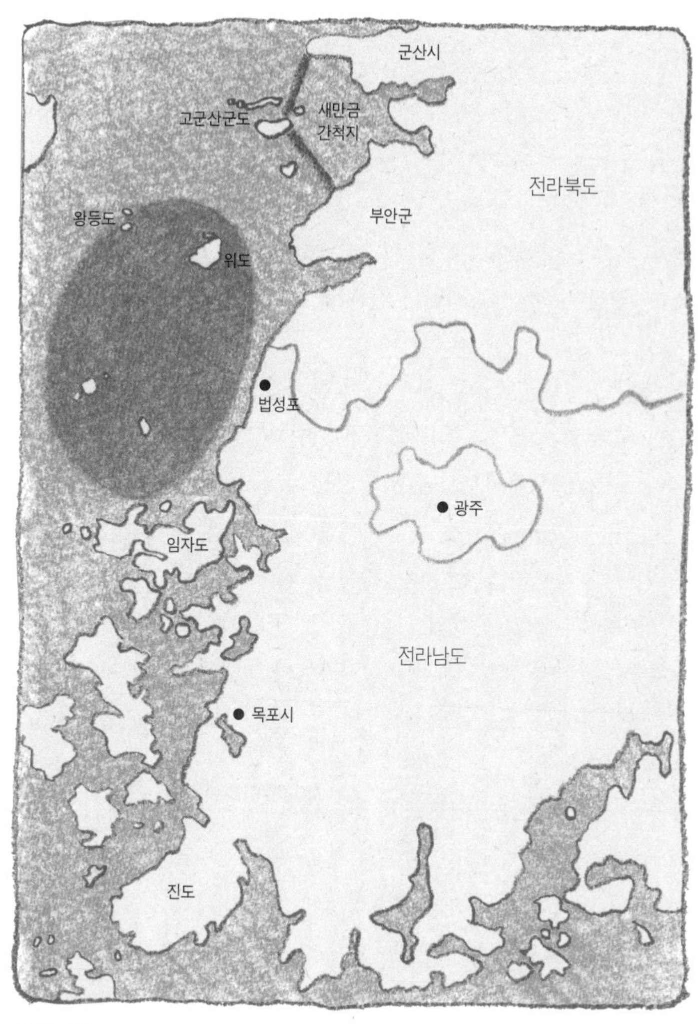

칠산 어장

칠산 바다의 전설

조기의 고향이자, 어부들의 가고 싶어 하는 칠산 바다에는 작은 섬이 일곱 개 있단다. 사람은 살지 않고 갈매기와 바다제비의 천국이지.

옛날에는 이곳이 바다가 아니라 육지였고, 작은 마을도 있었대. 그곳에 서씨 성을 지닌 아주 착한 노인이 살고 있었지. 하루는 지나던 나그네가 찾아왔기에, 서씨 노인이 잘 대접해 주었대. 나그네는 다음 날 떠나면서 저 산 밑에 있는 돌부처의 귀에서 피가 흐르면 이곳이 바다가 될 터이니 떠나라고 일러 줬어.

그날 이후 노인은 매일 다니면서 부처님 귀에서 피가 흐르는지 살펴보았어. 이 사실을 안 마을 사람들이 노인을 조롱했지만, 노인은 멈추지 않았지. 그러던 어느 날 한 백정이 부처님 귀에 피를 발라 놓았어.

다음 날 이 모습을 본 노인이 놀라서 마을 사람들에게 어서 피하라고 소리쳤지만 모두 비웃었지. 노인은 산으로 피하다가 소금 장수를 만났어. 소금 장수가 어딜 급하게 가느냐고 묻자, 나그네에게 들은 이야기를 해 주었어. 소금 장수는 소금지게를 받쳐 놓고 노인의 뒤를 따랐지. 바로 뒤이어 천둥 번개가 치고 비가 쏟아지더니 물이 마을을 삼키고 산까지 올라와 지게 작대기 앞에서 멈췄대. 그리고 산봉우리 일곱 개만 남았어. 그게 일산도, 이산도, 삼산도…… 칠산도란다. 대동여지도에도 칠산七山이 표시되어 있지.

서해의 여러 마을에서는 임경업 장군(1594~1646)을 조기의 신으로 모시고 있어. 임경업 장군은 조선시대 이름난 무인으로, 정묘호란과 병자호란 때 활약이 대단했던 분이야.

병자호란 때 조선으로 쳐들어온 청나라는 세자와 대군을 비롯해 많은 사람을 볼모로 잡아갔어. 임경업 장군은 복수를 하기 위해 중국으로 향했지. 연평 바다를 건널 때 병사들이 중국에 가면 죽을까 겁이 나서 물과 음식을 모두 바다에 버리고 먹을 것이 떨어져서 못 가겠다고 했대. 그러자 임경업 장군이 가시나무를 꺾어 오라고 했어. 그리고 가시나무를 빙 둘러 바다에 꽂았더니 가시마다 조기가 걸려 배불리 먹었다는구나.

이런 전설이 사람들 사이에 퍼지면서, 임경업 장군은 조기잡이의 시조이자 조기의 신이 되었어. 연평도에서는 그 뒤 조기 어장이 생겨 어부들이 조기를 잡기 시작했지. 연평도 어부들은 임경업 장군의 사당을 지어 놓고 풍어와 마을의 안녕을 비는 제사를 지내고 있어.

"조기가 많을 때는 요기 앞 갯골까지 밀려왔시유. 그물도 필요 없어. 그냥 주워 담기만 했시유."

2000년에 부안 양지 마을에서 만난 일흔 쯤 되는 어부는 이렇게 말했어. 조기를 그냥 주워 담기만 하는 풍경, 상상이

잘 안 돼. 얼마나 많았으면 그랬을까? 그뿐이 아니야. 옛날에는 물길이 나 있는 갯벌에 대나무를 세워 그물을 매 놓으면 그물이 터질 정도로 조기가 많이 들었다고 해. 그래, 얼마나 옹골찬 재미였을까.

그런데 동진강 간척 사업 이후로 조기가 사라졌대. 간척 사업은 1963년부터 1970년까지 진행되었는데, 부안 조기가 사라진 원인이 거기에 있다는 자료는 어디에도 없어. 간척 사업의 영향을 과학적으로 조사한 적도 없고 말이야. 그렇지만 평생 그 바다에 살면서 고기를 잡아 생활했던 어부의 이야기니 믿어도 좋을 것 같아. 누구보다 부안 바다의 변화를 잘 알고 있을 테니까.

간척 사업으로 강 하구에 둑을 쌓으면 가장 먼저 물길이 바뀌게 돼. 갯벌이 메워지고 갯벌에 살던 갖가지 식물들은 묻히거나 사라지지. 물길을 따라 들어오던 물고기들은 길을 잃고, 살 곳도 없어져. 알을 낳던 바다풀이 사라지니 새끼를 키울 수도 없어. 그러니 더 이상 그 바다를 찾아올 까닭이 없어지는 거지. 동진강 간척 사업이 끝난 지 30여 년 뒤에는 세계 최대 규모라고 자랑하는 '새만금 방조제'가 만들어져 그나마 남아 있던 물길마저 막혀 버렸어.

그런데 참 이상하지? 정부에서 새만금 사업을 추진할 때 참고한 것이 바로 일본 아리아케 해의 이사하야 방조제래. 간척 사업으로 물길이 막히기 전에 서해 바다에서 조기를 싹쓸이한 안강망이 만들어진 바로 그 아리아케 해 말이야. 참 씁쓸하지? 게다가 더 씁쓸한 사실은 이사하야 방조제가 생긴 뒤로 바다가 죽어가고 고기도 잡히지 않아 일본 어민들은 방조제 철거를 외치고 있다는 거야. 역사에서 아무 교훈도 얻지 못한 사람들이 참 답답해.

농지나 공업 용지를 마련한다면서 갯벌을 메우고 바닷길을 막은 곳은 이곳만이 아니야. 영산강, 금강 같은 큰 강은 물론이고 평택호, 삽교호, 삼길호, 서산 AB 지구도 물길을 막아서 땅을 넓혔지. 이런 개발은 바다 생물들에게는 치명적이야.

만약 사람이 날마다 밥을 먹기만 하고 똥을 싸지 못한다면 어떻게 될까? 아마 죽고 말 거야. 지구의 상황을 빗대어 생각해 보자. 육지에서 버린 온갖 것들, 동식물의 사체들, 쓰레기가 결국 다 어디로 가겠어? 바다로 가는 거야. 바다와 갯벌은 육지에서 내려온 것들을 분해하고 정화시키면서 새로운 먹이로 만들어 내. 그런데 그 입구를 꽉 막아 놨다고 생각해 봐. 바다를 가로막아 쌓아 놓은 거대한 방조제가 그런 역할을 하고 있어. 방조제는 바다만 병들게 하는 것이 아니라 육지도 같이 병들게 해.

그러니 맛있는 조기를 먹고 싶다면, 어부들과 정부에서도 노력해야 하지만 육지 사람들도 갯벌을 보전하기 위해 노력해야 해. 날마다 샤워를 하면서 버린 물도, 부엌에서 설거지한 물도, 화장실에서 손쉽게 내린 물도 모두 바다로 가. 정화를 시켜 내버린다고는 하지만 완벽할 수는 없어. 특히 음료수병이나 비닐봉지 같은 플라스틱이 바다 쓰레기의 90퍼센트라는 걸 생각해 봐. 플라스틱은 썩지도 않고 세계 바다를 떠다녀. 게다가 잘게 부서진 알갱이를 먹이로 잘못 알고 먹고 죽는 물고기도 많아.

일 년 동안 인천 앞바다에 버려지는 쓰레기가 10톤 트럭으로 자그마치 1만여 대 분량이래. 그러니 바다가 제대로 기능을 하겠어? 조기가 와서 알을 낳을 수 있겠느냔 말이야. 당장 우리부터 일회용품 안 쓰고, 플라스틱 한 번이라도 덜 쓰는 삶을 살아야 해. 맛있는 조기를 위해서가 아니라 나 자신을 위해서, 우리 인간을 위해서!

민어
나라 잃고
바다 맛도 잃고

민어는 어떤 물고기?

농어목 민어과에 속하는 물고기로, 몸은 어두운 흑갈색이고 배쪽이 밝은 회백색이야. 몸이 길고 머리끝이 뭉툭해. 아래턱에 두 쌍의 구멍이 있고, 위턱이 약간 길며 양턱에는 날카로운 송곳니가 한 줄로 있단다. 등지느러미, 가슴지느러미 후반부가 검은색을 띠며, 꼬리지느러미는 갈라지지 않는 부채꼴로 가장자리가 까매. 몸 전체에 비늘이 갑옷처럼 덮여 있어. 지역에 따라 민애, 보굴치, 암치, 어스래기라고도 불려.

수심 40~120미터 정도 되는 가까운 바다에서 살아. 낮에는 모래진흙 바닥에서 생활하다 밤에는 부레를 이용해 수면 위로 올라오지. 부레를 움찔움찔 움직여 조기처럼 부욱부욱 소리를 낸단다.

우리나라 서해, 중국 발해만, 산둥반도에 살고 있어. 제주도에서 겨울을 보내고 봄이 되면 서해와 중국 연안으로 이동해. 그러니까 동해에는 없고 서해에만 있는 바닷물고기지.

옛날에는 인천 앞바다에서 많이 잡혔는데 지금은 신안의 임자도 인근 바다에서 주로 서식하다 가을이 되면 제주도 남쪽 바다로 내려가 겨울을 나. 임자도 부근 바다는 먹이도 풍부하고 수온도 적절해서 민어가 알을 낳기에 좋은 환경이야. 이곳은 갯벌이 발달해 민어가 좋아하는 새우와 게가 많아.

민어는 알을 낳으려고 준비하는 7~8월에 가장 맛있대. 살이 통통하게 올라 먹어 보면 고소하다고 하지. 어린 암컷은 보통 4~5년을 자라서 50센티미터 이상 커야 알을 낳을 수 있어. 한 번에 1백만~2백만여 개의 알을 낳지만, 모두 부화에 성공하진 못해. 민어의 수명은 12~13년 정도야.

까다로운 물고기
민어 잡는 법

지난해 초여름 영광의 목냉기 마을에서 중간 크기의 새우를 산 채로 잡아서 배에서 내리는 어부를 만났어. 혹시 새우가 죽을까 싶어 햇볕도 가려가며 여간 신경을 쓰는 게 아니더구나. 그 모습이 예사롭지 않아 물어봤지. 어디에 사용할 것인데 그렇게 애지중지 다루느냐고.

그런데 의외의 대답이 돌아왔어. 민어 잡는 데 사용할 미끼라는 거야. 민어를 잡을 미끼는 꼭 새우라야 하는데, 머리가 좋은 민어는 죽은 새우는 아예 물지 않는대. 그래서 일부러 새벽부터 나가서 그물을 털어서 새우를 잡아 오는 거였대. 오후 늦게 민어를 낚으러 나갈 참이라고.

목냉기 마을은 법성포를 지나 계마항으로 가는 중간에 있는 바닷가 마을이야. 조기가 많이 잡히던 시절에는 파시가 열린 곳이지. 이곳은 바다 밑이 모래갯벌로 되어 있어 조기, 민어 같은 바닷물고기가 알을 낳기 좋고, 젓새우부터 붉새우, 대하, 보리새우까지 새우 종류가 살기에도 좋아. 새우를 잡아 민어잡이에 나설 수 있는 것도 이런 이유 때문이란다.

옛날에는 민어를 어떻게 잡았을까? 조선시대에는 그물보

다는 낚시를 이용했대. 《자산어보》를 보면 "흑산도에서는 희귀하고…… 나주의 여러 섬 이북에서는 5~6월에 그물로 잡고 6~7월에 낚시로 잡는다."고 했어.

그런데 좀 이상하지 않니? 나주라면 광주와 가까운 육지의 중심인데 그런 곳에서 민어를 잡다니. 여기서 말하는 나주는 조선시대 지방 행정 구역 가운데 하나인 나주목을 뜻하는 거야. 조선시대에 나주는 '목牧'으로 지정된 큰 고을이었고, 지금의 목포, 무안, 신안이 나주목에 속했지. 목을 다스리는 으뜸 벼슬을 목사라 해서 나주를 목사골이라 불렀어. 전주도 목사가 다스리는 목사골이었지. 전라도라는 이름은 전주와 나주의 첫 글자를 따서 만들어진 지명이야.

아차, 민어 이야기를 하다 전라도 지명 유래로 빠졌구나. 아무튼 옛날에는 민어가 알을 낳기 위해 바닷가로 나올 때 낚시를 했대. 이렇게 낚는 걸 '민어사슬낙'이라 불렀어. 낚싯대 한 개로 낚는 게 아니라 여러 개를 거의 동시에 드리워서 낚아. 낚싯줄을 여러 개 매단 기다란 새끼줄을 바다에 넣어 감았다 풀었다 하면서 민어를 잡았고, 미끼는 전어와 새우를 사용했대. 이걸 오늘날에는 '주낙'이나 '연승'이라고 해.

주낙 말고 다른 방식으로 잡기도 해. 2005년 4월에 임자도 하우리에서 나박바우로 넘어가는 입구에서 그물을 만들고 있는 어부를 만났어. 지금은 어부들이 만들어진 그물을 사 오는데 당시 그분은 그물을 직접 만들고 있었단다. 여름철 민어를 잡기 위해서 준비하는 거라고 하더구나. 자세히 보니 그물코가 어른 주먹이 들어갈 만큼 컸단다.

"이렇게 크면 민어가 다 빠져나가지 않을까요?" 하고 물었더니, 작은 민어는 빠져나가고 다 큰 것만 잡기 위해서 일부러 그렇게 한 거라고 하더구나. 다시 그 어부의 얼굴을 쳐다보았지. 밝은 얼굴로 활짝 웃는 모습이 참 좋아 보였어. 그 어부가 만들던 그물이 유자망이었어.

민어가 다니는 길목에 배구 네트처럼 생긴 그물을 수백 미터에 걸쳐 쳐 놓고 기다리는 거야. 그러면 민어가 지나가다가 그물코에 걸리거나 그물에 감싸이면서 잡히지. 유자망은 고정시키지 않고 물의 흐름에 따라 움직이게 설치한다고 해서 붙여진 이름이야.

또 안강망으로 잡기도 해. 조류가 센 곳에 긴 자루처럼 생긴 안강망 그물을 닻으로 고정해 놓고 민어가 들어가길 기다렸다 잡아. 《한국수산지》에 따르면 1906년에 일본 어민이 타리섬에서 안강망으로 민어를 많이 잡아서 서해에 퍼지기 시작했다고 해. 안강망은 8~9월 조수 간만의 차이가 큰 사리에 많이 이용하지.

민어란 녀석은 수심 1백 미터가 넘는 깊은 곳에 살고, 여름철에 잠깐 연안으로 나와 알을 낳기 때문에 잡을 수 있는 기간도 아주 짧아. 잡는 방법이 까다로울 수밖에 없지. 여름철에는 살아 있는 새우를 미끼로 주낙이나 낚시로 잡을 수 있지만, 겨울철에는 민어가 월동하는 남쪽 깊은 바다로 나가서 유자망으로 잡아야 해.

일본 사람들도 좋아한 민어

민어는 한자로 '民魚'라고 써. 백성들이 즐겨 먹었던 물고기라고 풀이하기도 하는데, 처음에는 민어가 아닌 '면어鮸魚'라 불렀어. 정약전도 《자산어보》에 면어라 하고, 민간에서는 흔히 민어라 부른다 했지. 아마도 읽고 쓰는 데 면어보다는 민어가 훨씬 수월하고, 나중에 민어가 많이 잡혀 백성들이 두루 먹게 되면서 민어라는 한자 이름이 자리 잡은 듯해.

조선시대 기록을 보면 임금이 신하에게 내리는 음식에도 민어가 포함되어 있었어. 종묘에서 제를 올릴 때도, 일반 백성들의 차례상에도 민어를 제물로 올리곤 했지. 당시에는 양반들만 백성이라 생각했는지 모르겠지만.

"보양식으로는 민어탕이 일품이요, 도미탕이 이품이며, 보신탕은 삼품이다."

조선시대 이야기야. 요즘에는 복날에 삼계탕이 인기지만 조선시대 양반들에겐 더위를 이기는 보양식으로 민어탕이 으뜸이었다는 거지. 생선 알을 소금에 절여 말린 음식인 어란을 만들 때도 민어는 귀한 대접을 받았어. 숭어 알이 으뜸, 그다음이 민어 알이었대. 민어는 꽤나 일찍부터 우리 조상들의 사랑을 받은 물고기였어.

우리뿐만 아니라 일본 사람들도 좋아했지. 일본 사람들은 생선 중에서도 특히 민어와 도미를 좋아해. 그래서 일제강점기에는 우리 바다에서 잡은 민어를 몽땅 일본으로 가져갔지. 1930년대 중반 일본으로 가져간 민어의 양은 10톤 트럭 7천여 대가 넘는, 무려 7만 4천 톤 분량이었어. 민어가 어찌나 맛있는지, 일본 사람들은 "조선 사람들이 먹기에는 아까운 맛이구나." 했다지 뭐야. 나라를 잃으면 맛도 잃게 되는 거였어.

1920년대 인천 앞바다에 있는 작은 섬 굴업도에 민어 어장이 생기자 조선 사람뿐만 아니라 일본 어부, 중국 상인까지 들어왔어. 조선 사람들은 낚시로 민어를 잡았는데, 일본 사람들은 안강망으로 대량으로 잡았어.

1923년에는 충청도, 전라도, 제주도에서 온 배가 무려 3백여 척이나 됐어. 선원과 상인이 2천여 명을 넘으면서 세워진 가게가 130호에 이르렀다지. 오일장처럼 활발하게 장이 서고 민어를 사고파는 양이 늘면서 인천과 굴업도를 오가는 임시 배를 띄울 정도였어. 굴업도와 근처 백아도 사이 바다를 민어탄, 즉 '민어 바다'라고 부르게 된 것도 이때부터야. 그러다 그해 8월 해일과 폭풍으로 굴업도에 있던 집 130채가 부서지고 민어잡이 배도 모두 침몰하면서 민어 시장도 저절로 문을 닫게 돼.

일본 사람들은 일 년에 자기 체중보다 더 많은 생선을 먹는다는 말이 있어. 일본 사람들의 생선 사랑은 대단하지. 그래서 일제강점기 때 일본인들은 우리 바다에서 엄청난 양의 수산물을 가져갔어. 부산, 통영, 여수, 완도의 섬과 연안에는 아예 일본인 어민을 이주시켜 일본인 어촌을 만들려고 시도하기도 했지. 김이나 미역 같은 해조류를 양식하고, 정어리나 고등어를 잡고 가공하는 공장도 만들었어. 우리나라에서 쌀을 수탈해 갔던 것처럼 수산물도 그렇게 가져갈 준비를 차근차근 해 나갔지.

일본은 제2차 세계 대전에서 패한 뒤 우리 수산 자원이 더 절실해졌어. 전쟁이 끝난 뒤부터 산업화에 박차를 가했는데, 그러면서 엄청난 면적의 바다와 갯벌을 매립해 버렸거든. 김이나 톳, 미역이 자라던 바다가 지도에서 아예 사라지고 공업 단지로 바뀌었던 거야. 1960~1970년대에 우리나라에서 톳이나 김을 그렇게 많이 수입해 간 까닭이 여기에 있지.

최근 일본은 아예 동남아시아나 중국에 해외 양식장을 마련해 두고 현지에서 직접 수산물을 생산하고 있어. 일본에서 원전 사고가 일어난 뒤에도 우리나라 수산물과 천일염이 일본으로 많이 수출됐어.

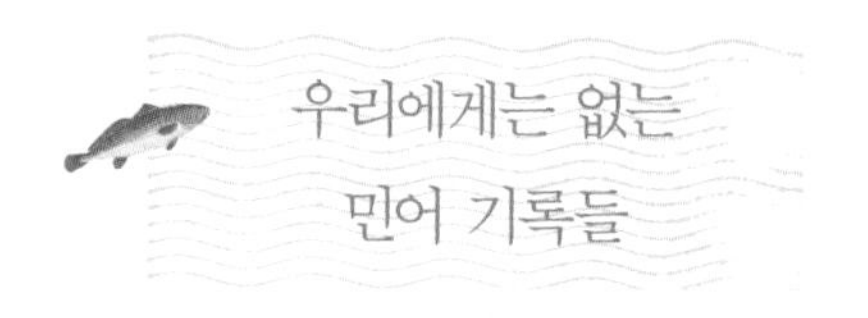

우리에게는 없는 민어 기록들

일제강점기에 민어가 많이 나기로 유명했던 곳 중에 한 곳이 전라남도 신안군 임자도에 딸린 섬 대태이도야. 예전에는 일본인들이 흔히 타리섬이라고 부르던 곳이지. 일본 노인 중에는 지금까지도 '타리섬'을 기억하는 사람이 있다고 할 정도니까 꽤나 유명했던 셈이지. 지금은 사람이 살지 않지만, 일제강점기에만 해도 사람이 북적이던 섬이야. 타리섬은 섬타리와 물타리라는 두 섬으로 이루어져 있지.

임자도와 타리섬. 앞에 있는 큰 섬이 임자도고, 왼쪽 뒤가 뭍타리(소태이도), 오른쪽 뒤가 섬타리(대태이도)야.

임자도 하우리 마을 앞에는 길이가 12킬로미터나 되는 백사장이 펼쳐져 있어. 폭이 3백 미터나 되니까 꽤 넓은 곳이지. 바로 이 백사장에서 민어 파시가 열렸어. 파시는 바다에서는 시장을 말해. 고기 잡는 기술이 지금처럼 발달하지 않았고, 잡은 물고기를 옮길 수 있는 교통편이나 냉장 기술도 좋질 않으니 고기를 잡은 어장 근처에서 바로 팔고 어부들은 필요한 물품을 사는 시장이 파시야.

물고기 떼가 이동을 하면 이 시장도 따라서 옮겨 갔어. 조기 파시, 민어 파시, 고등어 파시가 유명했지. 영광 법성포의 조기 파시, 신안 비금도의 강달이 파시, 신안 임자도의 민어 파시를 전라도의 3대 파시라 했다는구나. 강달이는 황석어라고도 불리는 생선으로 젓갈을 만들어 먹기도 하지. 조기처럼 생겼고 몸길이가 10센티미터가 안 돼서 간혹 어부들도 새끼 조기로 혼동을 할 정도야.

아무튼 임자도에서 민어 파시가 열리면 조선 팔도는 말할 것도 없고, 민어를 잡고 사 가려는 일본 고기잡이배와 무역선까지 들어와 아주 볼만했어. 심지어 순사가 파견되어 치안을 담당할 정도였지. 사람들이 모이니 술집이나 가게도 많이 생겨났고. 어떻게 이런 걸 다 아느냐고? 민어 파시가 열렸을 때 사진이 지금까지 전해지고 있기 때문이지.

사진을 찍은 사람은 '일본 민족학의 아버지'라 불리는 시부사와 게이조(1896~1963)야. 일제강점기 때 우리나라 경성전기 사장을 지냈고, 나중에 일본은행 총재, 재무성의 장인 대장 대신까지 오른 인물로 수집가로도 유명했지. 일본만이 아니라 오키나와, 대만, 조선의 민속 생활 용품까지 수집했어. 시부사와 게이조는 임자도 하우리, 증도, 진리, 수도, 영광 낙월도, 신안 타리섬 등 다도해를 들러 사진도 많이 찍었고, 영상도 남겼어. 서남해의 섬 지역을 영상으로 기록한 최초의 자료일 것 같아. 그리고 《조선다도해여행각서》라는 기록을 남

ⓒ 시부사와 게이조

시부사와 게이조 일행이 찍은 1930년대 임자도 대광해수욕장 근처 파시의 모습

겼지. 나도 민어 파시 논문을 쓰기 위해 일본에 있는 아는 선생님께 부탁을 해서 구하기도 했단다.

시부사와 게이조가 남긴 영상 자료 덕분에 2012년 2월 15일 신안군 임자면사무소 2층 회의실에선 특별한 만남이 있었단다. 그곳에선 일본인 몇 명과 목포대학교 교수, 임자면 주민들까지 서른 명 정도가 소리 없이 재생되는 흑백 다큐멘터리 영상을 진지하게 보고 있었지. 일본인들은 일본 카나가와대학교 상민문화연구소 답사팀이었어. 1936년 임자도 해역을 촬영한 영상 자료를 가지고 조사 활동을 위해 임자도를 찾아와 옛 영상의 시연회를 연 거야. 그러니까 시부사와 게이조가 촬영한 후 76년만이지.

임자도 진리의 노두길, 하우리 갯벌, 민어잡이 배 그리고 하우리 갯벌에서 키질을 하는 여인의 모습이 나오자 그 시절을 기억하는 마을 어르신들의 눈이 커졌어. 그런데 정말 신기하게도 영상 속에 있는 두 살배기 남자아이가 그때껏 임자도에 살고 있었어. 엄마 등에 업혀 있던 그 아이는 팔순 가까운 노인이 되어 있었지.

그 영상 속의 어머니는 임자면 대기리에 살았던 주우엽 할머니, 두 살배기 남자아이는 1935년 생으로 임자면 전장포 살고 있는 박차규 할아버지였던 거야. 할아버지는 영상 속의 어머니를 알아보고는 놀라움을 감추지 못했어. 키질을 하고 있는 어머니의 영상을 보는 할아버지의 눈에서는 어느새 눈물이 반짝였단다.

모두 열두 남매를 낳았는데 그중 오 남매만 살았대. 당시에는 병원도 변변치 못해 낳다 죽고 자라다 죽고 그랬으니까. 더구나 섬에서는 말할 것도 없었겠지. 그 영상에서 얼핏 지나가는 눈이 크고 이목구비가 뚜렷하고 몸집이 큰 10대 소년을 보고 큰형이라고 말하기도 했단다.

나중에 다시 박차규 할아버지를 만났지. 영상을 찍을 때

상황은 당연히 기억을 못 하셨지만, 할아버지 어렸을 때 섬에서 민어를 어떻게 잡았는지는 들을 수 있었어. 엄마 등에 업혀 있던 아기가 이만큼 나이가 들어가는 동안, 그 기록을 소중히 보존하고 관리하고 있던 일본 사람들의 태도가 참 놀라웠어. 조사하고 기록하고, 그걸 자꾸 연구하는 건 정말 중요한 일이야.

타리 기생의 슬픈 이야기

2004년 6월이었을 거야. 하우리 마을 부두가 보이는 가게에서 허영식 할아버지를 만났지. 1932년생으로 지금은 돌아가신 분이야. 아무튼 그 할아버지가 타리 파시 이야기를 하다가 타리에 기생이 있었다는 이야기도 들려주셨지.

일제강점기 무렵에 민어가 많이 잡혀 타리섬 앞 모래언덕에 임시 초막 백여 개가 만들어졌대. 술과 음식을 파는 시장은 물론이고 목욕탕이 한 개, 세탁소가 네 개, 이발소가 다섯 개, 병원도 두 개나 있었다지. 무엇보다 음식점이 61개, 요리점이 18개나 되었대. 그래서 임시 주재소와 행정요원들도 근무를 할 정도였지.

그 당시 파시를 찾은 일본인 무리가 우리나라 기생을 불러 놀다가 잠자리를 요구했던 모양이야. 조선 기생은 "창이나 글이라면 모르지만 조선 여인인 우리가 당신들에게 몸을 허락할 수 없소."라며 거절을 했대. 화가 난 일본인 한 명이 칼을 뽑아 그 기생을 죽였어.

동료 기생이 억울하게 죽자 기생들이 들고 일어났지. 뱃사람들도 함께했어. 나라 잃은 백성들의 분노에 바닷가가 들끓었지.

그러나 가해자들은 아무런 처벌도 받지 않았어. 일본인들이 아무 일 없다는 듯이 임자도를 유유히 떠나던 날 조선 기생 50여 명은 모래밭에 주저앉아 울었어. 종일 울다 목이 잠긴 기생들은 머리기생(우두머리) 초막에 모였지. 그리고 일본의 횡포에 항의하는 뜻으로 양잿물을 먹고 모두 목숨을 끊었대. 기생들의 주검은 모래밭에 묻혔다고 하는구나.

확인할 수는 없지만 《섬으로 흐르는 역사》에 소개되어 있는 이야기란다. 이 사건뿐만 아니라 당시 타리섬에서 일본인 순사가 조선인 어부를 폭행했다는 기사도 동아일보에 실렸단다. 이게 다 나라 잃은 백성의 설움일 거야.

박차규 할아버지에게 들은 이야기로는, 타리섬 뒤에 '터해'라고 부르는 곳에서 잡히는 민어가 조선 최고의 민어였대. 그래서 타리섬 주변에 민어잡이 배가 많을 때는 400여 척이나 모여들었고, 모래밭에 많은 임시 초막이 만들어져 마을을 이루었다지. 그게 민어 파시였어.

그곳과 가까운 하우리나 광산리 주민들은 어부들이 잡아온 민어를 갈무리해 햇볕에 말리는 일을 했대. 일본으로 생물 민어를 가져가자니 상할 테고, 지금처럼 배에 냉장 시설이 있는 것도 아니니 아예 바닷바람에 말려서 가져간 것이래. 일본인들은 조선 사람들에게 그 일을 시키고는 품삯으로 민어 창자와 머리를 주었대. 맛있는 알짜만 일본으로 가져간 거지. 박 할아버지는 그 일이 일본이 우리나라에서 수산물 수탈을 한 대표적인 예라고 목소리를 높이셨어.

2015년 8월 타리섬에 직접 찾아가 보았단다. 일제강점기에는 네 집이 살았고, 해방되고 나서는 일곱 집까지 늘고 분교까지 있었대. 그곳에 민어를 보관하는 간독도 있었다고 하더구나. 천연 냉장고 역할을 하는 간독은 조기 이야기에서 나왔지. 그런데 아쉽게도 부서져 그 흔적만 확인할 수 있었단다. 마지막까지 살았던 사람이 하우리로 옮겨 오면서 타리섬은 무인도가 되었어.

기생들이 묻혔을 모래밭에는 갯메꽃과 순비기나무만 자라더구나. 그사이 모래밭에 방풍림으로 소나무를 심어 놓아서 그 흔적을 찾기는 쉽지 않았단다.

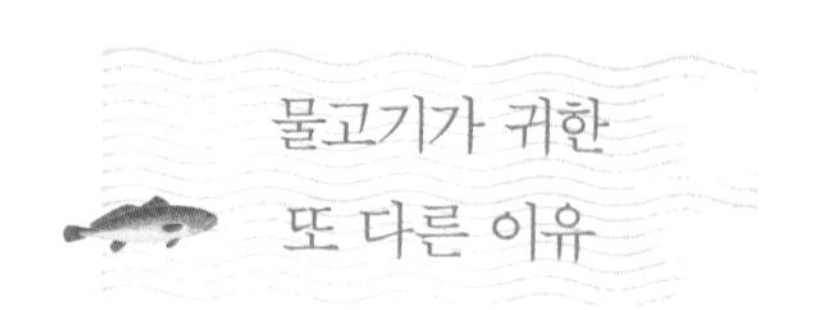

일제강점기 때 민어의 값어치는 어느 정도였을까? 가장 질이 좋은 민어 상품 한 마리가 20전, 가치가 좀 떨어지는 하

품은 10전 정도였대. 당시 조기는 열 마리가 20전이었거든. 작년 추석 선물을 하려고 찾아보니 굴비 상품 열 마리가 10만 원은 보통이고 30, 40만원까지 하더구나. 가공을 한 것을 고려해야 하지만 민어 값이 당시 얼마나 비쌌는지 알겠지?

그런데 민어도 부위마다 가격이 달랐어. 민어 값이 10전이라면 그중에 부레가 4전이었대. "민어가 천 냥이면 부레가 9백 냥이다."라는 속담도 있지. 쓸데없이 붙어 있는 것 같은 물고기 부레가 왜 그렇게 비쌌던 걸까?

부레는 물고기 몸속에 있는 일종의 공기 주머니야. 민어, 조기, 부세 같은 경골어류와 경린어류에만 있는 거야. 부레는 물고기가 뜨고 가라앉는 것을 조절해 줘. 풍선에 공기가 많으면 뜨고, 적으면 가라앉는 것과 같은 원리지. 또 평형을 유지하게 돕는가 하면, 소리를 듣는 데도 관련이 있고, 공명 기관으로 작용해 소리를 내기도 해.

옛날 사람들이 조기나 민어 같은 민어과 물고기를 잡을 때 대나무를 물속에 집어넣어 우는 소리를 듣고 그물을 놓

경골어류 뼈의 일부, 또는 전체가 딱딱한 물고기를 말해. 반대말은 연골어류. 연골어류는 뼈가 연골처럼 약한 물고기를 말해. 상어, 가오리, 홍어가 있지.

경린어류 연골어류와 경골어류의 중간쯤 되는 물고기야. 크고 넓적하고 단단한 비늘로 덮인 물고기들이지. 철갑상어, 칼상어 같은 물고기가 여기에 속해.

았다고 했잖아? 부레에서 나는 울음소리는 개구리 울음소리랑 비슷하대. 그러고 보면 민어의 영어 이름이 '크로우커(croaker, 개굴개굴 우는 물고기)'인 것도 당연해. 아무튼 물고기에게 부레가 얼마나 중요한지 잘 알겠지?

그런데 민어 부레는 사람에게도 아주 중요하게 쓰였어. 바로 부레풀의 원료였지. 부레풀이 뭐냐고? 말 그대로 무언가를 붙일 때 쓰는 풀이야, 천연풀. 지금이야 공장에서 본드를 만들어 쓰지만, 옛날에는 천연 접착제를 썼을 거 아냐? 보통 천연 접착제는 동물 가죽이나 뼈 아니면 물고기의 부레를 끓여 만들었는데, 그중에서도 민어 부레로 만든 게 나무 붙일 때는 최고였대.

민어 부레로 만든 풀은 접착력이 대단해서 작은 나무 상인 소반을 만들 때 꼭 필요했어. 집집마다 소반은 없어서는 안 되는 가구였던 게, 그게 밥상으로도 쓰이고 책상으로도 쓰이고, 아무튼 쓰임새가 아주 많았지. 고급 나전칠기나 장롱을 만들 때도 부레풀이 없으면 안 됐어.

요즘 사람들이 새로 지은 집에 살면서 몸도 가렵고, 목도 아프고, 없던 두통도 생겨서 고생한다는 이야기 들어봤을 거야. 페인트 냄새도 심하고, 알 수 없는 독한 냄새도 나고 말이지. 그런 것을 '새집증후군'이라고 하는데, 이게 대개는 화학 접착제를 많이 쓰기 때문에 생기는 거래. 부레풀 같은 천연 접착제를 쓴다면 새집증후군도 많이 줄어들겠지. 물고기 이야기가 단순히 먹을거리 이야기에만 그치는 게 아니란 거, 실감하겠지?

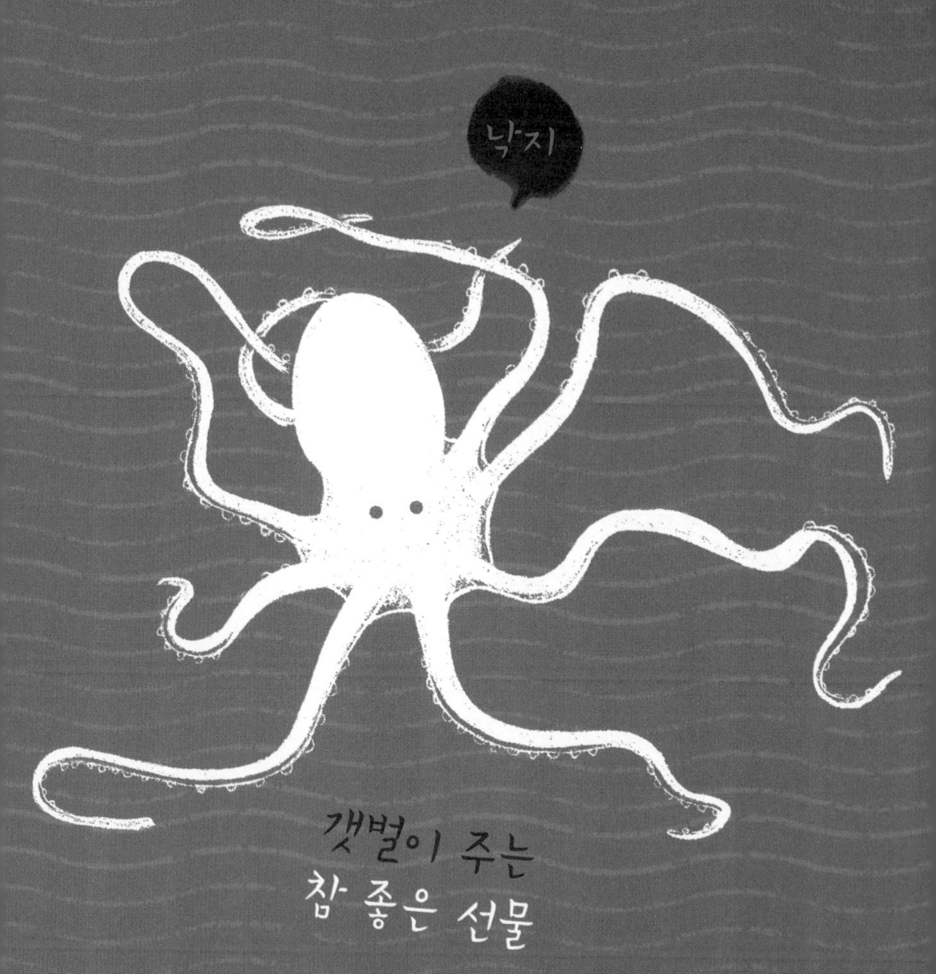

갯벌이 주는
참 좋은 선물

낙지는 어떤 생물?

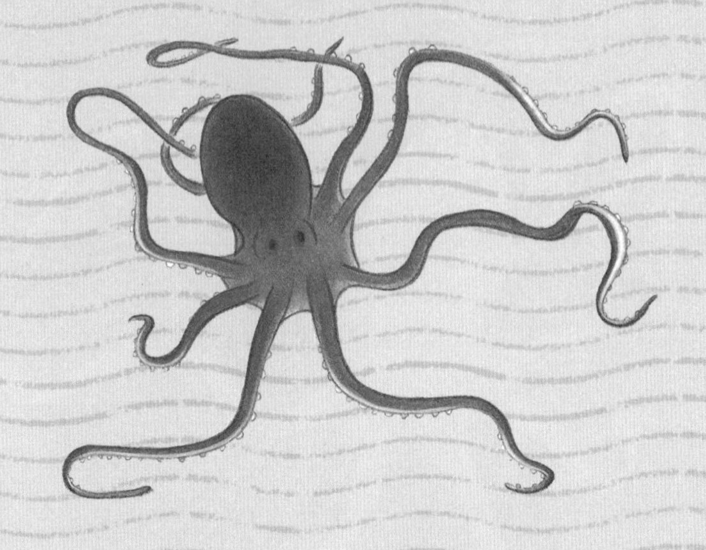

두족류 문어과에 속하며, 뼈가 없는 연체동물이야. 우리나라 남해, 서남해, 서해 전 연안의 조간대에 살며, 중국과 일본에서도 볼 수 있어.

몸길이는 60센티미터에 이르고 몸통, 머리, 다리(팔) 세 부분으로 되어 있어. 보통 머리로 알고 있는 몸통에 각종 장기가 들어 있고, 몸통 아래 눈과 입이 있어. 다리는 여덟 개인데 이 중 짧은 것이 짝짓기를 할 때 생식기 역할을 한단다. 다리에는 빨판이 두 줄로 붙어 있어.

수심 1백 미터 안팎의 펄갯벌, 혼합갯벌, 돌밭 같은 다양한 환경에서 다 잘 살아. 주변 환경에 따라 몸 색깔을 바꾸는 숨바꼭질의 천재지. 또 위협을 느끼면 먹물을 뿜고 도망도 잘 가. 야행성이라서 바위 사이나 개펄에 숨어 있다가 밤이 되면 나와서 새우, 게, 굴을 잡아먹어. 돌구멍에 살면서 잡으려고 하면 돌로 입구를 닫는다고 해서 '석거'라고도 했단다.

낙지 외에 문어과의 다른 종으로는 문어와 주꾸미가 있어. 다리는 모두 여덟 개야. 문어는 동해, 남해, 서해 수심 20~200미터 바다에서 살아. 낮에는 바위틈에 숨어 있다 밤에 나와 전복, 소라, 조개, 게, 새우 따위를 잡아먹지. 작은 것은 50, 60센티미터지만 큰 것은 150센티미터까지 자라.

주꾸미는 낙지보다 몸과 다리가 짧아. 얕은 만의 모래땅에 살지. 몸길이는 30센티미터 정도인데, 구멍에 들어가는 걸 좋아해서 어부들이 소라 껍데기를 줄에 엮어 잡아.

두족류는 머리에 다리가 달려 있다고 해서 붙여진 이름이야. 낙지와 비슷한 두족류 오징어과에는 갑오징어, 꼴뚜기, 한치오징어, 그리고 우리가 흔히 '오징어'라 부르는 살오징어가 있어. 이 녀석들은 다리가 열 개야. 재미있는 건, 서양에서는 이 다리를 팔이라고 한다는 거야. 같은 동물을 두고도 이렇게 다르게 본다는 거, 신기하지?

기절낙지가 뭐예요?

2014년은 내게 오랫동안 '세월호'와 프란치스코 교황의 한국 방문으로 기억될 것 같아. 절망과 희망이 교차하는 해였지. 죽어 가는 아이들을 보고서도 아무것도 하지 못한 어른으로서 느꼈던 절망감, 미안함 때문에 한동안 공황 상태에 빠져 있었어. 그러다 낮은 곳으로 내려온 교황을 보고 다시 힘을 얻을 수 있었지.

교황이 한국에 왔을 때 들른 곳 중에 한 곳이 천주교 희생자가 많았던 충남 서산이야. 서산 해미읍성에는 조선시대 많은 천주교인들을 매달아 고문하거나 처형하는 데 사용된 회화나무가 아직도 그대로 남아 있지. 아무튼 서산에 들렀던 교황은 삶은 낙지 요리를 그렇게 맛있게 드셨대. 무려 세 번이나 추가해서 먹었다지 뭐야. 갯벌에서 잡은 낙지가 맛있다는 걸 교황도 느끼셨던 게지. 외국 사람들은 잘 안 먹는 음식인데, 한국 사람들이 최고의 보양식으로 꼽는다는 걸 알고 드셨을까, 모르고 드셨을까? 각 나라의 문화를 이해하려는 생각이 컸기에 거부감이 없었을지도 몰라. 음식 문화만큼 그 나라의 특징을 잘 나타내는 것도 없거든.

우리나라에서는 서해안 어디서나 낙지가 살다 보니 낙지

요리도 엄청 다양해. 연포탕, 낙지호롱, 산낙지회, 박속낙지, 기절낙지……, 이름도 재미나지? 특히 무안의 기절낙지, 영암 독천의 갈낙탕, 무안과 목포 일대의 낙지 탕탕이, 태안의 박속낙지가 아주 유명해.

"아저씨, 기절낙지가 뭐예요?" 낙지로 유명한 전라남도 무안의 식당에서 메뉴판을 보던 여행객이 주인에게 이렇게 묻더라. 기절낙지는 외지인들이 산 낙지 먹는 걸 꺼려하는 걸 보고 고안해 낸 음식이야. 낙지 몸통을 잘라 내고 머리와 다리를 굵은 소금에 박박 문지르면 찰싹찰싹 붙던 낙지는 축 늘어져 버려. 그런 다음 다리 하나를 집어 초장에 넣는 순간 마구 꿈틀거리는데, 이걸 먹는 재미가 아주 쏠쏠해.

갈낙탕은 갈비와 낙지를 함께 끓여 먹는 음식이고, 낙지 탕탕이는 낙지 다리를 도마에 탕탕 쳐서 잘게 다진 후 계란 노른자와 참기름 같은 양념을 더해 먹는 음식이야.

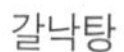

갈낙탕

ⓒ 김준

낙지호롱

박속낙지는 태안에서 유명한데, 박 속과 야채를 육수에 끓이면서 낙지를 데쳐 먹다가 국수와 수제비까지 넣어 먹는 음식이야.

낙지의 고향인 무안의 현경이나 해제 지역에서는 낙지호롱을 만들어 먹었어. 짚이나 나무젓가락에 낙지 다리를 돌돌 감아서 팬에 구워 만든 요리인데, 제사상에도 올렸지. 아, 생각만 해도 군침 돈다.

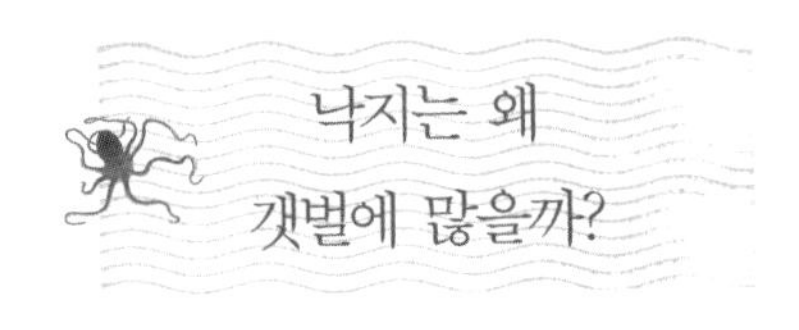

낙지는 왜 갯벌에 많을까?

낙지가 사는 곳은 갯벌이야. 우리나라에 갯벌이 얼마나 있는지 아니? 해양수산부에서 2013년에 발표한 자료에 따르면, 우리나라 갯벌의 전체 면적은 약 2천4백 제곱킬로미터야. 어느 정도 넓이인지 가늠이 안 된다고? 서울특별시 면적이 약 605제곱킬로미터니까 거의 네 배나 돼. 또 제주도 면적이 1,848제곱킬로미터니까 우리나라 바닷가에 제주도보다 넓은 갯벌이 있는 셈이야. 굉장하지?

갯벌이 어느 지역에나 고루 있는 건 아니야. 전라남도에 42

퍼센트, 인천과 경기에 35퍼센트, 충청남도에 14퍼센트 정도가 있어. 갯벌의 약 95퍼센트가 서해와 서남해에 있는 셈이지. 그러니 낙지도 서남해와 서해에서 많이 나는 거야.

그런데 말이야, 우리나라에서 갯벌이 점점 줄어들고 있어. 1987년에는 갯벌 면적이 3천2백 제곱킬로미터였으니, 30년도 안 됐는데 약 1천 제곱킬로미터가 줄어들었지. 서울시보다 넓은 땅이 사라져 간 거야. 갯벌이 왜 사라진 거냐고? 그게 다 바다나 호수를 둑으로 막고 땅을 넓혔기 때문이야. 1980년대부터 새만금, 시화호, 화옹호, 영암호, 금호호 들을 막으면서 갯벌이 사라졌어.

특히 영암과 해남의 대규모 갯벌을 간척해 산업단지와 농지로 만들면서 전남의 주요 낙지 서식지가 사라지고 말았지. 영암 독천과 해남 산이면 일대는 우리나라 세발낙지의 본산이라 일컬을 만큼 낙지가 많았던 곳이야.

도대체 왜 낙지는 갯벌을 그렇게 좋아하는 걸까? 먼저 갯벌에는 낙지가 좋아하는 먹이인 칠게 같은 작은 게들이 많이 살아. 그리고 펄 속에 알을 낳으면 적으로부터 안전하게 지킬 수도 있지. 우리나라 낙지 중에 신안 옥도 뻘낙지와 무안의 탄도 뻘낙지가 최고로 꼽히는 것도 그곳에 칠게가 엄청 많이 살고 있는 덕분이지.

칠게가 뭐냐고? 칠게는 물기가 있는 촉촉한 갯벌에 구멍을 파고 사는 게야. 서해 갯벌 어디에서나 쉽게 볼 수 있어. 물이 빠지면 펄 속에 있는 유기물을 먹는 청소부이기도 하고, 갯벌에 구멍을 뚫어 산소를 공급해 주는 고마운 녀석이기도 해. 작은 소리만 들려도 구멍으로 숨어 버리기 때문에 칠게를 관찰하려면 죽은 듯이 앉아서 기다려야 해. 벌교, 무안, 신안 어민들은 칠게를 게장으로 만들어 먹고, 갈아서 따뜻한 밥에 비벼도 먹고, 삼겹살 먹을 때 된장 대신 넣어 먹기도 하더구나. 나도 먹어 봤는데, 정말 맛있더라고. 낙지가 괜히 좋아하는 게, 아니구나 싶었어.

낙지뿐만이 아니라 겨울 철새인 마도요도 칠게를 아주 좋아해. 특히 알락꼬리마도요는 완만하게 휜 긴 부리를 게 구멍에 집어넣어 칠게를 잡은 뒤에 다리를 떼어 내고 먹는단다. 지혜로운 녀석이지. 갯벌의 주인이 인간이 아닌 것처럼, 맛있는 칠게도 인간만이 독점할 수 있는 건 아닌 거지.

그런데 인간은 칠게를 싹쓸이하기 위해 갯벌에 홈통을 묻어 놓고 칠게를 마구잡이로 잡고 있어. 새만금 갯벌에서 시작된 싹쓸이 칠게잡이가 인천의 송도 갯벌에서부터 신안의 갯벌까지 여러 곳으로 퍼졌어. 긴 플라스틱 통의 위쪽을 잘라내서 갯벌에 묻어 놓으면, 물이 빠지면서 갯벌에서 먹이를 찾는 칠게들이 오가다 빠지는 거야. 아무리 재빠른 칠게라지만 미끄러운 플라스틱을 기어 나올 수는 없지. 물이 들어오기 전에는. 그사이에 인간이 다가와 바가지로 싹 퍼 담는 거야. 옛날에는 구멍을 찾아 한 마리씩 잡았는데. 그런 수고를 하기가 귀찮아진 게지.

가장 늦게 지구에 나타난 주제에 지구의 자원을 몽땅 독차지하려는 것이 과연 옳은 일일까. 인간도, 도요새도, 낙지도, 칠게도, 모두 갯벌을 지키면서 살아야 할 갯벌 공동체야. 갯벌에 기대 함께 살아야 할 운명 공동체고 말이야. 그걸 안다면 싹쓸이 어업을 하거나 갯벌을 막는 일은 절대 하지 말아야 돼.

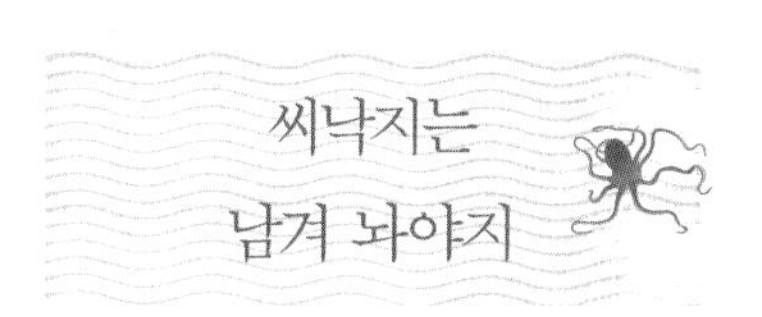

낙지를 잡는 방법 가운데 어부들이 가장 많이 사용하는 방법은 통발과 주낙이야. 통발은 낙지, 게, 오징어, 붕장어, 문어, 주꾸미, 갑오징어 따위를 잡을 때 주로 써. 옛날에는 가는 댓살이나 싸리를 엮어서 통발을 만들었지만, 최근에는 플

라스틱이나 그물로 대신하고 있어. 긴 몸줄에 통발을 약 5백 개 매달고, 거기에 작은 게를 담은 주머니를 미끼로 넣었다가 다음 날 건져 내.

주낙은 긴 몸줄에 일정한 간격으로, 작은 게를 묶은 사기 봉돌 3백여 개를 달아 낙지를 유인해서 잡는 방법이야. 낙지가 미끼를 먹는 동안 수심 10미터 내외의 얕은 곳에서 주낙을 끌어서 잡아내지. 작업은 밤에 해. 전남의 목포, 무안, 신안과 경남 일부 연안에서 볼 수 있어.

무안과 신안에서 주낙으로 낙지를 잡는 모습을 본 적이

있어. 하루저녁에 무려 20여 접을 잡더라고. '접'은 낙지를 셀 때 사용하는 단위인데, 한 접이 20마리니까 4백여 마리를 잡은 셈이야. 정말 굉장하지? 통발로 잡을 때도 이 정도 잡는 것 같더라고.

통발이든 주낙이든, 요즘은 잡히는 낙지의 숫자가 굉장히 많이 줄었어. 여러 가지 이유가 있겠지만 앞에서 이야기한 대로 낙지의 삶터인 갯벌이 줄어든 것과 그동안 계속 마구잡이로 잡아 왔던 것이 큰 원인인 것 같아. 오래전부터 낙지를 잡을 때 써 온 방식대로 조금 덜 잡았다면 낙지가 줄어든다고 걱정할 일은 없었을 텐데 안타까워.

예전에는 가래낙지, 손낙지, 묻음낙지 방법으로 낙지를 잡았어. 신안과 무안에서 흔히 볼 수 있지. 가래낙지는 낙지의 숨구멍을 찾아서 가래로 파서 잡는 방법이야. 가래는 흙을 파는 연장으로 삽같이 생겼어. 가래 대신 목이 길고 폭이 좁은 호미를 사용하기도 해.

손낙지도 같은 원리인데, 펄갯벌처럼 무른 개흙을 손으로 파서 잡아. 꼬막으로 유명한 전남 보성군 벌교읍 장도에서도 손으로 낙지를 잡는데, 특이하게도 이동할 때 판자로 만든 널배를 타고 다녀. 그냥 걸으면 발이 푹푹 빠지고, 깊은 곳은 어른 키를 넘기도 하니 널배가 꼭 필요하지. 눈 위에서 스키

가래 낙지

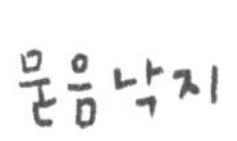

손낙지

를 타는 것처럼 널배를 타면서 낙지가 숨 쉬는 구멍이 보이면 손을 집어넣어 잡는다니 왠지 재미있어 보이지 않니?

묻음낙지는 먼저 물이 빠진 갯벌에서 낙지 구멍을 찾아. 그다음엔 흙을 약간 걷어 내. 그러고는 갯벌 흙으로 뚜껑을 만들어 덮어. 그래 놓고 물이 들어올 때 뚜껑을 열면 낙지가 거기 들어가 있어. 바닷물이 들어오니 구멍 깊은 곳에서 올라와 밖으로 나갈 준비를 하는 거지. 그때 잽싸게 잡아야 해.

이런 방법으로는 주낙이나 통발처럼 대량으로 낙지를 잡을 수 없어. 대신 잡히는 낙지도 스트레스가 적고, 잡는 어부도 마음이 편하지. 그래서 이런 낙지들 값은 다른 낙지보다 두세 배는 되어야 한다고 생각해.

낙지는 수명이 1, 2년에 불과해. 어차피 금세 죽을 건데 많이 잡든 적게 잡든 상관없는 거 아니냐고? 그렇지 않아. "농사꾼은 굶어 죽어도 종자는 베고 죽는다."는 속담이 있는데, 이 말은 물고기나 낙지 같은 바다 생물에게도 딱 들어맞는 얘기야. 새끼를 낳을 수 있는 씨낙지가 있어야 다음 세대 낙지가 계속 태어날 수 있으니까.

어미 낙지가 한 번에 낳는 알은 몇 개나 될까? 대구나 숭어처럼 많이 낳지는 않고, 한 번에 100~150개 정도 낳는대. 수만 개, 수십만 개를 낳는 물고기에 비하면 적게 낳는 편이지. 그래서 그런지 새끼를 한두 마리밖에 안 낳는 원숭이나 인간 같은 포유류처럼 어미 낙지도 새끼를 알뜰살뜰 보살핀단다.

낙지는 암수가 따로 있어. 짝짓기 철에 수컷은 좋아하는 짝을 만나면 몸이 얼룩말 무늬로 변해. 암컷은 마음에 든 수컷의 셋째 다리를 자기 입 근처에 있는 주머니에 넣게 허락해. 이 셋째 다리가 바로 생식기야. 다른 다리보다 짧고 끝이 뭉뚝해서 얼핏 보면 작은 숟가락처럼 보이지. 수컷은 그 셋째 다리로 암컷의 주머니에 정자를 집어넣어.

짝짓기를 하고 나면 암컷은 알을 낳기 위해 갯벌 속으로 들어가. 그 속에서 3개월 동안은 알집을 키워 가며 준비를 하고, 알을 낳고 3개월 동안은 구멍 속에 알들을 잘 붙인 뒤에 알이 깨어날 때까지 정성껏 보살피지. 먹이도 먹지 않고 알을 문질러 주면서 말이야. 알을 문지르는 까닭은 깨끗하게 청소를 하려는 뜻도 있고, 알들에게 산소를 충분하게 공급해 주려는 뜻도 있어.

이렇게 6개월 동안 세심하게 보살피느라 막상 새끼 낙지가 알에서 깨어날 때 어미 낙지는 움직일 기력도 없어 그대로 죽어 가. 정말 대단한 모성애지? 문어도 낙지처럼 알에서 깨어난 새끼를 보면서 죽어. 정말 존경스러워.

낙지들이 이렇게 힘들게 알을 낳고 새끼를 기르는 걸 안다면 더더욱 마구잡이로 잡아선 안 될 것 같아. 가급적이면 낙지 통발이나 주낙은 잡는 양이나 크기를 제한했으면 해. 또 밤에 먹이를 찾아 연안으로 나오는 낙지를 불을 켜서 잡는 홰낙지(홰루질)도 잡는 양을 제한해야 하고.

무엇보다 어린 낙지를 '세발낙지'라는 이름으로 마구 잡는 것은 정말 조심해야 해. 세발낙지는 태어난 지 얼마 되지 않은 발이 가는 낙지를 이르는 말이야. 크기가 작고 부드럽다고 좋아하는 사람이 많아. 그런데 크게 자란 낙지는 한두 마리만 잡으면 충분하지만, 세발낙지는 열 마리도 넘게 잡아야 양이 맞잖아. 낙지를 잡는 사람이든 먹는 사람이든 잘 생각해 주면 좋겠어. 오늘 한 마리 덜 잡고 씨낙지를 남겨야 내일 열 마리, 스무 마리로 돌아온다는 사실을 말이야.

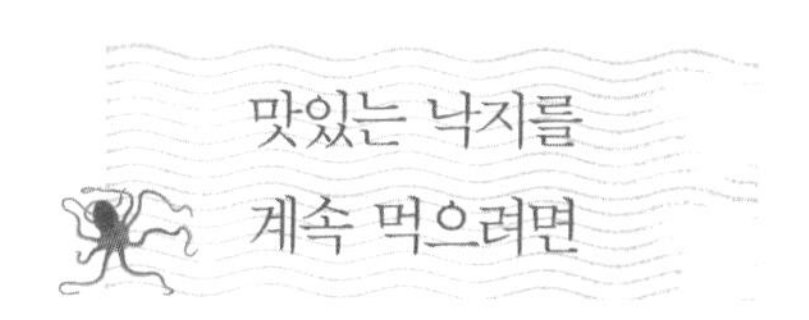

맛있는 낙지를 계속 먹으려면

며칠 전 무안에서도 최고 낙지가 나기로 유명한 탄도에 갔단다. 선착장에서 내려서 마을까지 들어가는 길이 한참이었어. 갯벌이 많아서 갯골에서 마을까지 이어지는 길 때문이지. 길 양쪽으로는 온통 갯벌이고 마침 물이 빠진 갯벌에는 칠게들이 먹이를 찾아 돌아다니느라 정신이 없더라. 그리고 갯벌 위쪽에는 붉은발농게가 멋진 집게발을 들고 시위를 하더구나. 모두 낙지가 좋아하는 먹잇감이지.

마을 회관에 주민 40여 명이 모여서 이런저런 섬 자랑을 하는데, 역시 낙지 얘기가 나오자 여기저기서 자랑하는 목소리가 커졌지. 그런데 탄도마저도 낙지잡이가 옛날 같지 않다는 걱정도 있었어. 탄도에는 약간의 밭과 논이 있지만 섬사람들의 주 수입원은 낙지야. 일 년이면 낙지로 6, 7천만 원은 거뜬했던 마을이거든.

그래서 마을 사람들은 섬을 많은 사람이 찾는 여행지로 바꾸기 위해 노력하고 있어. 잡은 낙지나 물고기를 시장에 팔기보다는 여행객들에게 직접 요리해 팔겠다는 생각이지. 그렇게 하면 적게 잡고 비싸게 팔 수 있어 낙지도 살리고, 마을도 살리고, 일석이조지. 그렇게 고향이 살아나면 고향을 떠난 자식들도 하나둘 돌아올 테고. 정말 최고잖아.

낙지가 예전만큼 안 잡힌다고 걱정하는 건 탄도 사람들만이 아니야. 갯벌이 매립되고, 너무 많이 잡아내고, 낙지가 좋아하는 칠게 같은 먹이가 줄어들고, 갯벌이 오염되면서 낙지는 점점 줄어들고 있지. 그런데 사람들은 점점 더 낙지를 좋아하니 공급이 수요를 따라가지 못하는 거야. 당연히 값은 올라가고 중국산 등 외국산이 국내산으로 둔갑해서 팔리는 거지. 수산물도 원산지를 표시하도록 의무화하고 있지만 돈을 벌려는 유통업자나 상인 들이 이를 지키지 않아 소비자와 생산자가 손해를 보고 있어.

그래서 전라남도의 해양수산과학원 국제갯벌센터에서는 낙지를 인공으로 양식하는 기술을 개발하고 있단다. 그런데 그 과정이 쉽지가 않아. 실제로 낙지를 인공 부화시키는 일

ⓒ 김준

낙지 잡기 체험

은 신안군 장산면 오음리에 사는 어민 강대용 씨가 1991년부터 개인적으로 시도한 적이 있어. 처음에는 어미 낙지 예순 마리 남짓을 수정시켜 새끼 낙지 마흔 마리를 얻어 갯벌에 풀어주었대. 그런데 두 달 뒤에 보니까 살아 있는 낙지는 겨우 네 마리더래. 그만큼 인공 양식이 어렵다는 이야기지.

실패를 거듭한 끝에 무려 16년 만에 지자체의 지원을 받아 낙지 인공 부화에 성공해 낙지를 압해도 갯벌에 놓아줄 수 있었대. 그곳 어민들은 강씨를 낙지박사라고 부른단다.

국제갯벌센터에서는 최근 새끼 낙지를 육상에서 대량으로 부화시키는 데 성공해 신안군 장산 갯벌, 무안군 탄도 갯벌, 진도군 초사리 갯벌에 놓아주기 시작했어. 낙지 목장을 만들겠다는 계획을 세우고 있지. 소나 말을 키우는 목장처럼 낙지도 사람이 돌보면서 숫자도 늘리고 어민들의 소득을 높이려는 거야.

전라남도에서 잡히는 낙지 어획량이 전국의 약 60퍼센트에 이르고, 그걸 돈으로 따지면 900여 억 원에 달한다는구나. 대기업 대졸 신입사원의 연봉을 5천만 원으로 잡는다면 무려 1천8백 명, 4인 가족으로 생각해 보면 7천2백 명이 먹고살 수 있는 돈이야. 낙지가 이렇게 큰돈을 벌어 준다니 굉장하지? 게다가 투자 비용이 전혀 없고 갯벌만 잘 보전하면 되니 이보다 훌륭한 회사가 어디 있겠니.

지역 어민과 전문가의 노력으로 이제 낙지 부분 양식은 성공을 앞두고 있단다. 완전 양식은 인공 부화한 낙지가 다시 알을 낳는 과정까지 추적해야 하는데 아직 더 많은 노력과 시간이 필요할 것 같아.

인공으로 키우든, 자연에서 제 스스로 대를 이어가든 낙지의 보금자리인 좋은 갯벌이 없다면 앞으로 우리 밥상에서 계속 낙지를 보기가 어려워질 거야.

어떤 갯벌이 좋은 갯벌이냐고? 우선 생활 폐수나 공장 폐수, 양식장 쓰레기 따위가 갯벌에 들어오지 않아야 해. 그리고 칠게, 갯지렁이 같은 다양한 갯벌 생물이 잘 살 수 있어야 해. 그런 갯벌에서는 인공으로 부화한 새끼 낙지든, 자연 부화한 새끼 낙지든 잘 자랄 수 있지. 맛있는 낙지는 좋은 갯벌에서 자란다는 걸 꼭 기억하면 좋겠어.

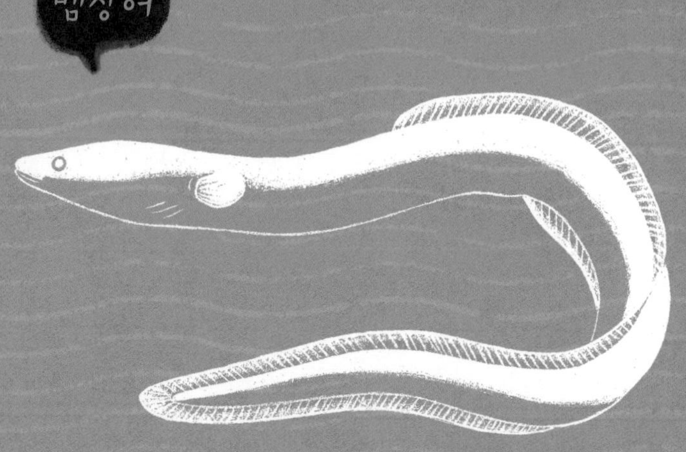

강에서 바다로,
바다에서 강으로

뱀장어는 어떤 물고기?

장어에는 뱀장어, 갯장어, 붕장어가 있어. 모두 뱀장어목에 속하는 종이야. 갯장어와 붕장어는 바다에서만 살고, 뱀장어는 강에서 자란 뒤 바다에 가서 알을 낳아. 바다에서 지내다 알을 낳기 위해 다시 강으로 돌아오는 연어와는 정반대지.

뱀장어는 전 세계에 18종이 있어. 배지느러미가 없고 잡으면 미끄럽지. 흔히 뱀장어는 비늘이 없다고 생각하는데 사실은 피부 속에 비늘이 있대. 등은 청회색이고 배는 흰색이며 알을 낳는 철이 되면 노란색을 띠기도 해. 육식성으로 곤충, 게, 새우, 실지렁이 등을 잡아먹지.

새끼 뱀장어는 깊은 바다에서 태어나서 강으로 올라와 자라다 짝짓기할 시기가 되면 다시 바다로 내려가 알을 낳아. 그래서 뱀장어를 민물장어라고도 해. 새끼 뱀장어가 강으로 거슬러 올라올 때 잡아서 양식을 해서 내놓은 것이 장어구이란다.

이렇게 양식에 사용되는 뱀장어는 북미산(Anguilla rostrata), 유럽산(Anguilla anguilla), 극동산(Anguilla japonica)이 있어. 우리나라에서 양식하는 것은 주로 극동산이야. 이 밖에도 동남아산, 아프리카산이 있어.

그럼 갯장어와 붕장어의 특징도 알아볼까. 갯장어는 바다에서만 산다고 해서 '갯'자가 붙었고, 몸이 길다 해서 장어야. 멸치, 갈치, 새우 등을 좋아해서 고성, 통영, 여수 등 남해에서 많이 잡히지. 갯장어는 여름철에 살짝 데쳐서 채소에 싸 먹거나 샤부샤부로 많이 먹어.

붕장어는 고소하고 씹히는 맛이 꼬들꼬들해 횟집에서 '아나고'로 불리는 장어야. 물론 일본어지. 우리나라 어느 바다에서나 살고, 일본과 동중국해에도 있단다. 새우, 게, 갯지렁이, 작은 물고기를 먹고 살지. 붕장어는 회로 많이 먹거나 말려서 조림이나 탕을 끓여 먹기도 해. 갯장어와 많이 닮았지만 옆줄을 따라 흰점이 점점이 이어져 있는 것이 특징이야.

뱀장어의 수수께끼

우리나라 청소년들만큼 열심히 사는 친구들도 없을 것 같아. 10대는 할 일도 많고, 공부해야 할 것도 많고, 먹고 싶은 것도 많고, 놀고 싶은 것도 많을 나이지. 운동 못지않게 공부하는 것도 많은 에너지가 필요해. 특히 여름철에는 더 잘 먹어야 해. 여름 보양식으로 장어만 한 게 없는 거 같아, 적어도 나한테는 그랬어.

내가 어렸을 때는 어머니가 곧잘 장어탕을 끓여 주셨어. 장어탕을 끓일 때면 어머니는 꼭 솥에 돌을 올려놓으셨어. 안 그러면 솥뚜껑을 열어젖힐 정도로 장어가 힘이 셌나 봐. 그래서인지 사람들은 장어를 먹으면 힘이 좋아진다고 믿어 왔어. 옛날부터 우리 선조들은 장어를 이용해 여름철이면 몸을 보호하는 음식을 만들어 먹었지.

그런데 말이야, 물고기 먹을 때 내가 먹는 이 녀석이 어디서 왔을까 궁금했던 적 없니? 내가 어렸을 때 먹었던 장어는 섬진강 상류에서 잡아 온 거였어. 그래서 난 당연히 장어는 민물에서 사는 민물고기인 줄로만 알았지.

그런데 나중에 알고 보니 강이 아니라 바다에서 태어난 녀석들이었어. 그것도 저 머나먼 태평양에서. 사이판, 괌 같은 섬들이 모여 있는 태평양 마리아나 제도에서 태어난 뱀장어가 비행기로 무려 다섯 시간이 걸리는 우리나라까지 헤엄쳐 와. 정말 대단하지.

바다에서 태어나 강으로 이동하는 뱀장어의 신비한 일생을 처음 밝혀낸 사람은 덴마크의 해양학자 요하네스 슈미트(1877~1933) 박사야. 요하네스 슈미트 박사는 오랜 연구 끝에 유럽산 뱀장어가 북대서양 버뮤다 제도 근처 사르가소 해에서 알을 낳는다는 사실을 알아냈지. 이곳에서 태어난 새끼 뱀장어는 해류를 타고 대서양을 가로질러 유럽으로 와. 약 4,800킬로미터에 이르는 엄청난 거리를 이동하는 거지.

우리나라에 사는 극동산 뱀장어가 마리아나 제도에서 알을 낳는다는 사실은 1991년에 도쿄대학교 해양연구소 팀이 밝혀냈어. 일본 사람들은 뱀장어 요리를 즐기기 때문에 뱀장어 양식이나 산란장 연구도 꾸준히 해 왔어. 도쿄대학교 해양연구소는 뱀장어가 알을 낳는 곳을 찾아 인공 양식을 해 보려고 시도했어. 극동산 뱀장어의 산란장을 찾기 위해 잠수정을 동원해 태평양 일대를 샅샅이 뒤졌지. 그리고 마침내

사르가소 해 사르가소는 스페인어로 모자반을 뜻하는 말이야. 모자반은 해조류로 공기주머니가 있어서 줄기가 떨어져도 수면에 둥둥 떠다녀. 떠다니는 모자반에 물고기들이 알을 낳기도 하지. 콜럼버스는 북대서양을 지나다가 엄청나게 떠 있는 모자반 때문에 항해에 어려움을 겪었던 모양이야. 그래서 이곳 바다를 사르가소 해라 이름 붙였대.

필리핀 동쪽 바다에서 1센티미터 정도 되는 어린 뱀장어를 발견했어. 어린 뱀장어는 '렙토세팔루스leptocephalus'라고 하는데, 몸이 투명하고 모양이 대나무 잎 같아서 흔히 '댓잎뱀장어'라고 불린단다.

댓잎뱀장어가 발견된 바다는 겨울에도 기온이 30도를 오르내려서 바닷물에 들어가 수영을 해도 전혀 춥지 않은 곳이야.

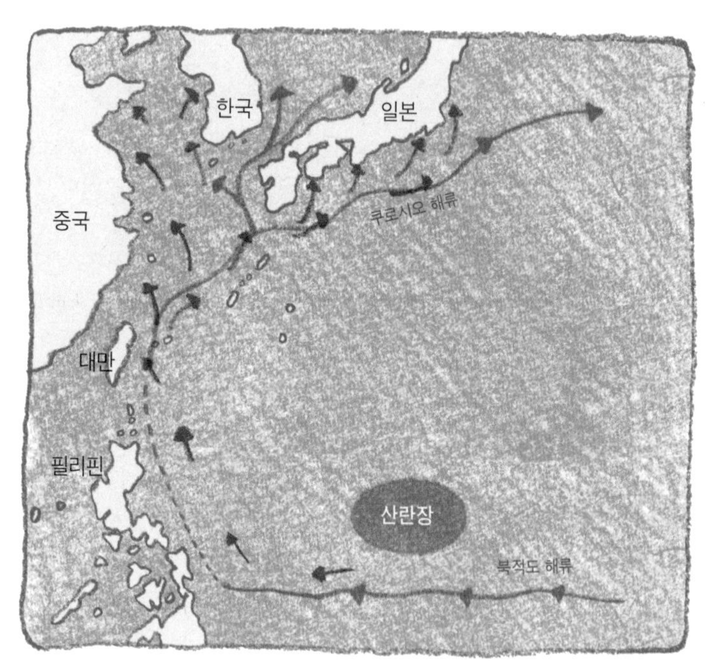

뱀장어 회유로

비록 산란 장면이나 알을 발견한 것이 아니라 갓 태어난 뱀장어 새끼를 발견한 거였지만, 그것만 해도 엄청난 발견이었어.

저 머나먼 남쪽 바다에서 태어난 뱀장어가 어떻게 우리나라까지 온 걸까? 알에서 막 깨어난 뱀장어를 '프레렙토세팔루스'라고 하는데, 크기가 10~30밀리미터 정도로 작아. 이렇게 작은 뱀장어가 북적도 해류를 타고 필리핀 근처로 이동한 다음, 쿠로시오 해류를 따라 위로 올라오는 거야. 쿠로시오 해류는 필리핀 동쪽에서 시작해서 대만을 지나 우리나라와 일본에도 영향을 주는 해류야.

이 해류를 따라 이동할 무렵이면 댓잎처럼 납작한 '렙토세팔루스'로 자라지. 그리고 6개월 정도 지나면 대륙붕에 이르고, 우리 바다에 도착했을 때는 태어난 지 8개월 정도 됐을 때야. 실처럼 가늘고, 길이는 어른 손가락만 한 이 시기의 뱀장어를 '실뱀장어'라고 불러.

실뱀장어가 엄청난 어려움을 뚫고 운이 좋아 어미가 살던 강에 도착해 무사히 자라면 몸이 누런 황뱀장어가 돼. 그러고도 다시 6~12년을 더 자라야 몸 색깔이 검은빛으로 바뀌고 어른 뱀장어가 되지. 수많은 어려움을 이겨 내고 그렇게 먼 거리를 이동해서 어른으로 성장하는 뱀장어, 알고 보니 참 대단한 녀석이지?

3천 킬로미터의 여정

아버지가 강에서 잡아 주던 민물장어가 태평양에서 엄청 어렵게 온 녀석들인 줄 진작 알았더라면 더 감사하면서 먹었을 텐데……. 그때 강에서 무사히 살아남은 녀석들은 다시 자기가 태어난 바다로 돌아가 알을 낳았을 거야. 고 작은 뱀장어들이 어떻게 비행기로 다섯 시간이나 걸리는 태평양까지 왔다 갔다 할 수 있는 것일까? 그 거리가 무려 3천 킬로미터나 되는데 말이야. 3천 킬로미터면 광주에서 서울까지 다섯 번 왕복하는 먼 거리야. 게다가 민물에 살던 장어가 짠 바닷물에 적응하는 것도 몹시 신기해.

어류분류학자들은 아주 옛날에는 뱀장어가 깊은 바다에서 살았을 거라고 추정해. 그러다 알이나 어린 새끼들이 다른 물고기에게 잡아먹히지 않고 잘 자랄 수 있는 곳을 찾아 이동하게 됐는데, 가다가다 보니 그곳이 강이 되었을 거라고 말이야.

동물들은 새끼를 낳을 때면 고향을 찾는 습성이 있어. 옛날에는 사람도 아이를 낳을 때가 되면 고향을 찾았지. 우리나라에는 며느리들이 출산할 때 친정으로 갔다가 아이를 낳은 뒤에 어느 정도 키워서 시댁으로 다시 데리고 오는 풍습이 있었어.
뱀장어도 그래. 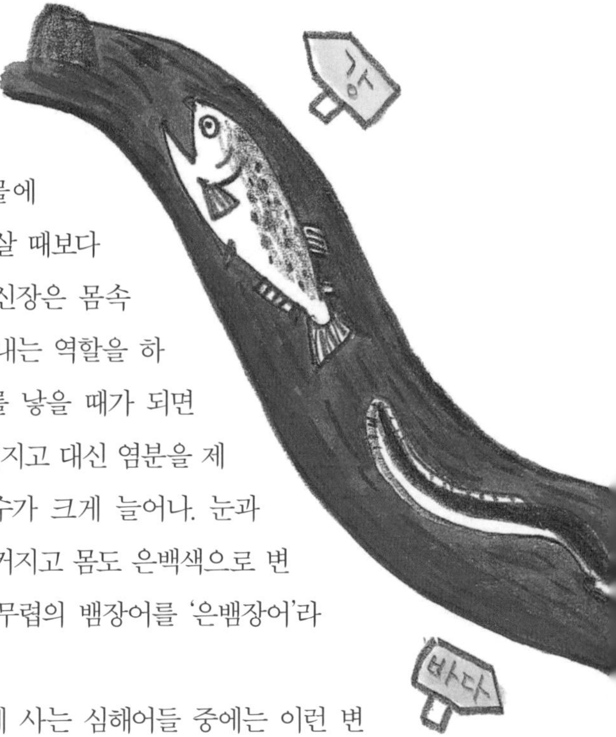
뱀장어는 민물에 살 때는 바다에 살 때보다 신장이 발달해. 신장은 몸속에 있는 물을 빼내는 역할을 하지. 그러다 새끼를 낳을 때가 되면 신장 기능이 약해지고 대신 염분을 제거하는 염세포 수가 크게 늘어나. 눈과 가슴지느러미가 커지고 몸도 은백색으로 변하지. 그래서 이 무렵의 뱀장어를 '은뱀장어'라고 불러.
바다 깊은 곳에 사는 심해어들 중에는 이런 변화를 보이는 물고기가 많아. 은뱀장어는 두세 달을 강 하구에서 보내는 동안 몸을 바다에 맞게 바꿔 나가면서 바다로 갈 준비를 해. 강 하구는 민물과 바닷물이 섞이는 곳이니, 점점 높아지는 염도에 적응하는 훈련을 하기에 좋지.
그럼 뱀장어가 고향을 찾아가는 데는 시간이 얼마나 걸릴까? 자그마치 6개월이야. 고향으로 가는 동안 뱀장어들은 아무것도 안 먹어. 태평양 한가운데까지 헤엄쳐 갈 수 있는 영양분을 몸에 저장해 놓았기 때문에 가능한 일이야. 강에서 5~10년 정도 살던 뱀장어는 가을이면 태평양으로 떠나. 그러니까 뱀장어에게는 긴 여행을 앞두고 열심히 먹어야 하는 시기가 바로 여름이지. 그래서 여름철 장어가 가장 좋다고 하는 거야.

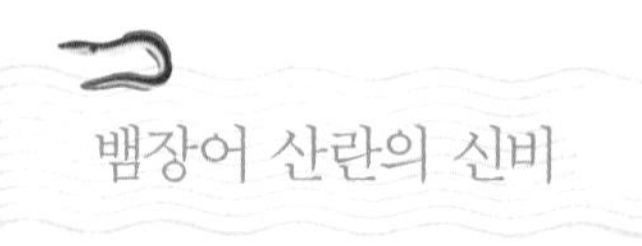

뱀장어 산란의 신비

뱀장어는 그 생김새 때문에 과학적으로 보면 말도 안 되는 전설의 주인공이 되곤 했어. 옛날 중국 사람들은 뱀장어는 수컷만 있고 암컷이 없다고 생각했지. 그래서 가물치와 짝짓기를 한다고 믿었어. 우리 조상들은 어떻게 생각했을까? 《지봉유설》이나 《자산어보》를 보면, 뱀장어는 뱀과 짝짓기를 하거나 뱀이 변해서 된 거라고 믿었대. 지금으로서야 어이없는 상상이라고 하겠지만 말이야.

동양에서만 뱀장어의 산란이 베일에 싸여 있었던 것이 아니었나 봐. 아리스토텔레스도 뱀장어가 강바닥 진흙 속에서 뱀과 짝짓기를 해 태어난다고 믿었어. 아무도 뱀장어가 알을 낳는 걸 본 사람이 없으니 갖은 상상이 생겨난 것이겠지.

꼬리를 감춘 뱀장어

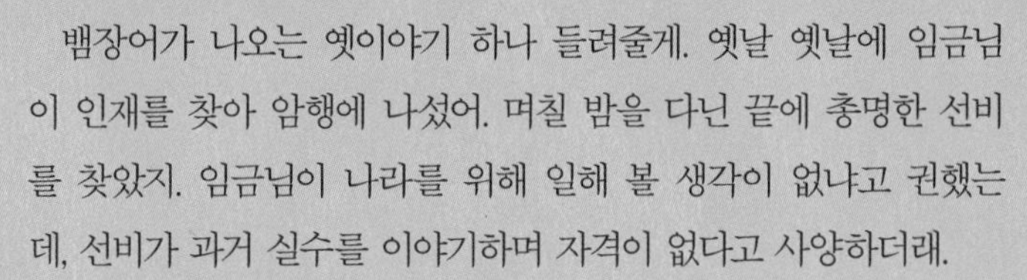

뱀장어가 나오는 옛이야기 하나 들려줄게. 옛날 옛날에 임금님이 인재를 찾아 암행에 나섰어. 며칠 밤을 다닌 끝에 총명한 선비를 찾았지. 임금님이 나라를 위해 일해 볼 생각이 없냐고 권했는데, 선비가 과거 실수를 이야기하며 자격이 없다고 사양하더래.

스스로를 낮추는 선비가 안타까워 임금님이 이야기를 시작했어.

"아주 먼 옛날 용왕님이 큰 잔치를 열었다네. 바닷물고기는 물론 민물고기도 초대받았지. 뱀장어도 왔는데 이놈이 산해진미를 즐기며 아주 신이 났어. 그러다 큰 사고를 치지 않았겠나. 술에 취해 그만 긴 꼬리로 용왕님의 용안을 세차게 후려갈긴 거야. 화가 난 용왕님은 '민물에 사는 꼬리 달린 놈들은 모두 잡아들여라.' 명했어. 민물고기들이 아주 난리가 났지.

그런데 정작 뱀장어는 바위틈에 숨어서 꼬리를 뒤로 감추고 잘 지내고 있더란 말이야. 그런 뱀장어 앞에 개구리 한 마리가 폴짝 뛰어왔어. 아주 걱정스러운 얼굴이었지. '개구리, 자네 왜 그러나?' '아니 소식 못 들었나? 용왕님이 꼬리 달린 놈은 다 잡아들이라고 하셨다지 않아?' '자네도 꼬리가 있나?' 그러자 개구리가 '나 어릴 적에 꼬리가 있지 않았나!' 그랬다네.

이 사람아, 자네 지금 개구리같이 근심을 하고 있구먼."

결국 선비는 나라의 큰 일꾼이 되었대. 낮에는 바위틈이나 모래에 꼬리를 숨기고 있는 뱀장어의 습성에서 나온 이야기란다. 뱀장어를 보고 이런 이야기를 생각해 낸 게 참 재미있어.

뱀장어 산란의 비밀을 처음 밝힌 사람은 바로 우리나라의 어류생태학자 이태원 교수야. '이석'이라는 돌멩이 기억나? 조기류 물고기 머리에 들어 있는 돌 말이야. 이 돌은 물고기가 평형을 유지하도록 도와줘. 신경 세포에 들어 있어 몸이 기울어지면 똑바로 서라고 자극을 하는 것이 바로 이석이거든. 이태원 교수는 하루에 한 칸씩 자라는 이 돌로 뱀장어의 산란 시기를 밝혀냈어.

이태원 교수는 1센티미터도 안 되는 실뱀장어 뇌 속에서 신경 세포를 찾아 이석을 꺼냈어. 그러고는 납작하게 갈았지.

그걸 현미경으로 들여다보면서 일본 도쿄대학교 해양연구소 사람들과 네 차례나 태평양의 뱀장어 산란장을 찾아가 밝혀낸 뱀장어의 신비는 이래. 태평양 깊은 바다로 헤엄쳐 돌아간 뱀장어들은 그믐밤을 골라 짝짓기를 하고, 알을 낳고, 그러고는 곧장 죽는다는 거야.

이태원 교수는 낮이나 환한 보름밤이 아니라 칠흑 같은 그믐밤을 택한 건 다른 물고기들이 갓 낳은 알을 먹지 못하게 하려는 거라고 했어. 뱀장어 한 마리는 한 번에 수천만 개의 알을 낳아. 이렇게 많은 알을 낳고 장엄한 최후를 맞이하는 거야.

붉은 혼인색을 띤 연어가 강물을 거슬러 올라와 알을 낳고 죽어 가는 장면이 뱀장어의 최후에 겹쳐져. 뭔가 비장하면서도 아름답고 슬픈 장면이야.

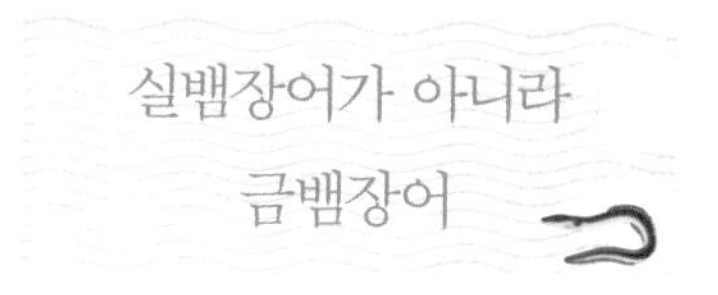

실뱀장어가 아니라 금뱀장어

뱀장어가 유명하기로는 전라북도 고창만 한 곳도 없어. 고창 선운사 앞에 인천강이라는 하천이 흐르는데, 그 앞에 엄청나게 많은 장어집이 있어. 모두 '원조집', '풍천 장어'라는 간판을 내걸고 있지. '풍천'이라는 말은 '바람이 부는 하천'이라는 뜻이야. 뱀장어가 바다로 내려가고 또 강으로 올라오는 강 하구는 강과 바다가 만나는 곳이야. 육지와 바다는 낮과 밤의 온도가 다르기 때문에 서로 다른 기압이 마주 지나가면서 바람이 많이 불고 아지랑이가 잘 끼지. 이렇게 바닷바람이 불어오는 강 하구에서 잡히는 장어를 풍천 장어라고 했어.

함평에 있는 돌머리해수욕장에서 바다에서 올라오는 실뱀장어를 잡는 걸 본 적이 있어. 그곳 바닷가에서는 모기장으로 만든 그물을 엄청 많이 볼 수 있었는데, 실뱀장어를 잡는 그물이었지. 어부가 그물 끝을 질끈 묶어 놓은 줄을 풀어 함지박에 쏟았더니 온갖 해초와 비닐봉지, 스티로폼이 쏟아져 나왔어. 으, 심각한 바다 쓰레기! 아무튼 그 함지박을 이리저리 헤치다 보니 투명한 작은 지렁이처럼 생긴 게 보였어. 머리에 검은 두 눈이 선명했지. 바로 실뱀장어였어.

이렇게 강 하구까지 찾아온 실뱀장어를 잡아서 2~3년 양식장에서 키워 파는 거야. 그러니 정말 귀한 먹을거리지.

동진강과 만경강 하구에서도 실뱀장어를 잡는 어부들을 만난 적이 있어. 특히 부안의 양지 마을이나 돈지 마을, 김제

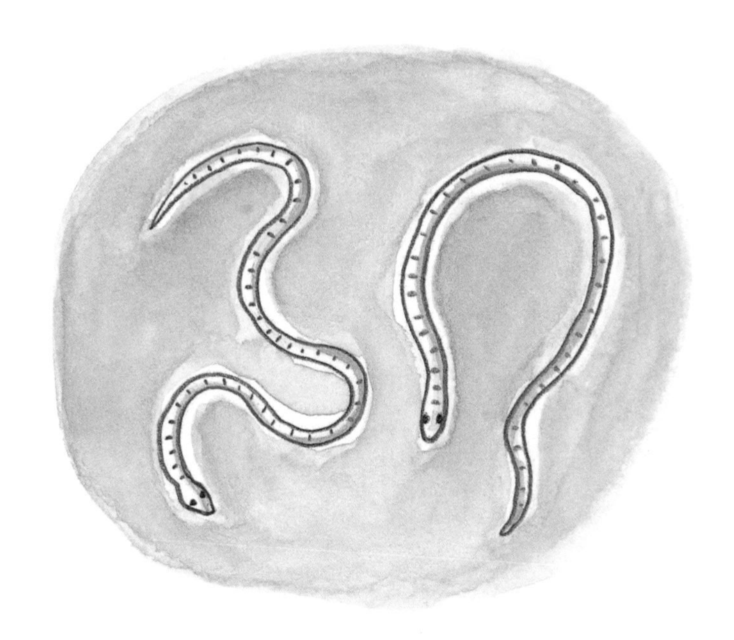

의 안하 마을이 유명했지. 2003년 여름 전라북도 부안군 계화면 돈지 마을에서 만난 오세옥 씨가 들려준 이야기야.

"이 뱀장어가 월사금도 되고, 공책도 되고 연필도 되었지유. 그때야 실뱀장어 값이 똥값이었으니께. 보름 지내고 뜰채만 가지고 가면 쌀 한두 말 값은 벌었어. 그때 한 마리에 3, 4원 했어유. 참 고마운 녀석들이지, 얘들이."

월사금은 학교에 내는 수업료야. 지금은 초등학교와 중학교까지 의무교육으로 바뀌어서 돈을 내지 않지만 옛날에는 매달 수업료를 냈단다. 마치 학원처럼. 그래서 다달이 낸다고 월사금이야. 국어책 표지 안쪽에 확인 도장을 찍는 표가 있어서 월사금을 내면 도장을 찍어 줬어. 돈을 못 내면 교실에 들어갈 수 없었고, 선생님은 어린 학생들에게 언제까지 낼 것인지 물어보기도 했으니까 창피하기도 하고 그랬지. 그때 연필 한 자루가 3, 4원 했으니 뱀장어는 쏠쏠한 용돈벌이가 됐지. 어려웠던 시절에 강가 어부들에겐 뱀장어가 참 귀하고 고마웠을 거야. 그런데 요새는 실뱀장어 잡기가 참 힘들대.

그래서 장어도 몸값이 참 비싸. 지난해 장어구이집에 들렀더니 장어 1킬로그램에 7만 원쯤 하더라. 1킬로그램이면 두 마리쯤 되는 것 같아. 엄청 비싸지? 먹으려는 사람은 많은데 장어는 점점 구하기 어려워지기 때문이야.

뱀장어는 완전 양식을 할 수 없는 물고기야. 어른 뱀장어에게 알을 받아서 무사히 키운 다음, 그 뱀장어에게 다시 알을 받아 부화에 성공해야 완전 양식이라고 할 수 있어. 그런데 여기서 끝나는 것이 아니라 이렇게 부화한 2세대 실뱀장어가 실험실이 아니라 양식장에서 자라서 장어구이로 판매될 수 있어야 진정한 완전 양식이야.

일본에서는 2세대 양식에 성공했고, 우리나라도 2세대 부화까지는 성공했어. 그렇지만 아직 양식장에 공급할 수 있을 정도로 성공적이진 못해. 그러니 예전엔 한 마리에 몇십 원, 몇백 원밖에 하지 않던 실뱀장어 값이 비쌀 때는 7, 8천 원까지 뛴 거지.

댐 개발, 해양 오염, 서식지 파괴, 기후 변화 같은 다양한 원인 때문에 실뱀장어 어획량은 크게 줄었는데, 장어구이를 찾는 사람은 오히려 늘어났기 때문이야. 그래서 실뱀장어를 '금뱀장어'라고까지 부른대.

장어구이를 계속 먹고 싶다면

실뱀장어가 잡히지 않는 데는 여러 가지 원인이 있다고 했지만, 내가 생각하기에 가장 큰 원인은 인간의 남획인 것 같아. 실뱀장어가 많이 찾는 길목마다 모기 한 마리 빠져나가기 힘들 만큼 구멍이 빽빽한 그물을 쳐 놓았어.

용케 그물을 피했더라도 강으로 올라가는 것은 더 어려워. 영산강, 금강, 새만금에 이르면 강 하구를 막은 댐을 만나는데, 이 댐들은 실뱀장어가 강으로 올라갈 수도 없게 하고, 어른 뱀장어가 바다로 다시 내려갈 수도 없게 만들었어. 댐 옆에 물고기가 오가는 어도를 만들어 놓기는 했지만 실제로 그 곳을 실뱀장어가 오르기에는 무척이나 힘들어. 간척과 수질 오염, 뱀장어가 사는 곳의 환경 훼손, 모두 인간의 욕심이 불러온 것들이야.

그런 와중에 장어 요리를 좋아하는 일본, 중국, 대만, 홍콩은 모두 실뱀장어를 잡기 위해 경쟁을 하고 있어. 다른 나라들 모두 우리보다 남쪽에 있어서 11월이나 12월부터 뱀장어를 잡으니 우리나라에 도착하기 전에 모두 잡혀 버리고 말지. 뱀장어들이 제주 바다에 도착하는 것이 1월쯤, 남해안에 도착하는 것이 2월쯤, 그리고 서해안에는 3월쯤 도착하거든.

내 생각엔 완전 양식을 하는 방법을 찾아내는 것도 중요하지만 뱀장어가 알을 낳고, 실뱀장어가 어른 뱀장어로 자랄 수 있는 환경을 만들어 주는 것이 더 중요할 것 같아. 이미 유럽산 뱀장어는 멸종위기종으로 지정되어 나라 사이에 사고파는 것이 금지되었어. 북미산이나 극동산 뱀장어도 머지않아 같은 처지가 될 거야.

그렇게 되지 않으려면 지금처럼 무분별하게 실뱀장어를 잡는 것을 금지해야 하고, 작은 실개천이나 섬 하천처럼 뱀장어가 살아가기 좋은 곳을 잘 보호해야 해. 그리고 댐이나 보에는 실뱀장어가 쉽게 오를 수 있는 길을 만들어 주어야 하고, 이미 잘못 만들어 놓은 것은 제대로 고쳐야 해.

또 홍수 예방 목적으로 만들었다지만 그 기능을 제대로 하지 못하는 댐은 바닷물이 오갈 수 있게 하거나, 간척 이전의 모습으로 돌려야 해. 그렇게 해서 강 하구가 제대로 살아나야 뱀장어도 살고 우리 인간도 좋은 환경에서 살 수 있지 않을까. 어떻게 생각해?

물길을 열어라

2012년에 일본으로 갯벌을 답사하러 갔다가 아라세 댐을 보고 왔단다. 아라세는 규슈의 구마가와 강에 있는 댐이야. 1950년대 만들어졌는데 지금 철거 공사를 하고 있단다. 2012년부터 댐을 허물기 시작했고 완전히 철거되려면 2018년까지 기다려야 한대. 아주 천천히 막았던 물길을 열고 있지. 철거하기로 했으면 그냥 폭파하는 게 쉽고 빠르고 비용도 적게 들 텐데 왜 이렇게 오랜 시간을 들여 어렵게 철거를 하는 걸까?

강에서 알을 낳는 은어에게 최대한 영향을 주지 않고, 강 하구에 있는 갯벌과 강가에 사는 어민들에게도 변화된 환경에 적응할 수 있는 시간을 주기 위해서야. 1950년대에는 이 강에 은어가 많이 살아서 은어를 잡는 어부가 2천 명에 이르렀대.

그러나 댐이 들어서고 난 뒤 은어가 거의 사라져 은어잡이 어부가 두세 명으로 줄었지. 아라세 댐 해체 운동을 하고 있는 츠루 쇼오코(65) 씨는 "은어가 산란을 위해 하류로 내려가야 하는데 댐이 막혀 갈 수가 없다."고 이야기해. 은어만 그러겠어. 바다로 가야 할 뱀장어도 마찬가지겠지.

다행히 댐 해체 작업이 시작되면서 강물이 흐르고 은어가 다시 돌아오며 이전 모습을 찾아가고 있대. 가장 반기는 것은 강가 주민

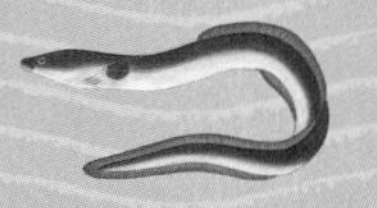

들이야. 1950년대 강에 댐을 지을 때 정부에서는 홍수 예방도 할 수 있고, 전기 요금도 아낄 수 있고, 관광 자원도 된다며 주민들을 설득했어. 그래서 댐을 세웠는데 그 뒤 오히려 홍수 피해를 입었어. 댐으로 물길을 막으니 토사가 댐 안에 쌓이면서 홍수를 조절하고 물을 공급하는 댐의 기능도 약화될 수밖에 없었거든.

그런데 정부에서는 자연재해라 어쩔 수 없다고 하니 주민들만 답답한 거지. 어쩌면 그렇게 우리랑 똑같은지 몰라. 결국 또다시 홍수 피해를 입자 주민 50가구가 행동에 나섰어. 댐 철거 운동을 시작한 거야. 그게 시작이 되어 이렇게 철거까지 왔지.

아름답게 흐르는 구마가와 강을 보면서 우리나라 강의 모습이 떠올랐어. 최근에는 방조제를 쌓은 나라로 유명한 네덜란드도 제방의 일부를 허물어 바닷물을 끌어들이거나 수문을 만들어 뱃길을 다시 만들고 있어.

그렇게 강이 흘러야 생태계도 살아날 수 있어. 뱀장어 같은 물고기도 자유롭게 오갈 수 있고. 바닷물과 민물이 만나는 곳은 훨씬 다양한 생물이 살아갈 수 있어. 그 결과 많은 물새들이 날아들고 새를 보기 위해 찾는 여행객들도 늘지. 자연은 자연에게 돌려줘야 해. 인간도 자연이거든.

자리돔

제주 사람을 살린 큰 물고기

자리돔은 어떤 물고기?

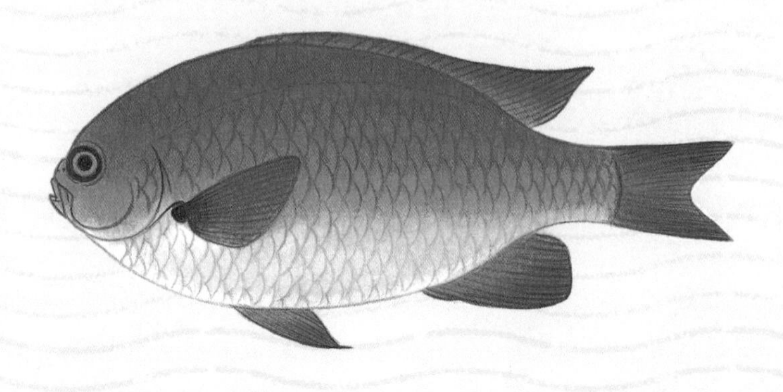

농어목 자리돔과에 속하는 물고기야. 제주에서는 보통 '자리'라 불리지. 몸은 타원형에 등은 짙은 갈색이나 회갈색이고, 배는 푸른 빛이 도는 은색이야. 비늘이 몸에 비해 크고 단단하단다. 가슴지느러미가 붙은 곳에 흑청색 반점이 있고, 등지느러미가 끝나는 등에 하얀 점이 있단다. 배지느러미에 박힌 가시가 돔의 신분을 밝히는 자존심이지.

'돔'이란 말은 '가시지느러미'를 뜻한단다. 그래서 돔을 먹을 때는 각별히 조심해야 해. 잘못하다가 가시가 목에 걸려 목숨을 잃은 사람도 있으니까. 가시가 걸리면 곧바로 병원으로 가야지 민간요법으로 해결하다가는 정말 큰일을 치를 수도 있어. 자리가 많이 나는 철이면 제주에서는 꼭 가시가 식도에 박혀 병원을 찾는 사람이 있다는구나. 조심해야지.

돔이라 불리는 바닷물고기로는 제주를 대표하는 고급 생선인 옥돔도 있어. 강정 마을에서 '당일바리'라고 해서 그날 잡아온 옥돔을 본 적이 있는데 정말 끝내주더라. 옥돔 외에 다른 돔은 겨울철 낚시꾼들의 마음을 흔들어 놓는 귀족 감성돔, 고운 자태와 옷맵시를 자랑하는 참돔, 몸이 검은 벵에돔, 선명한 검은색 줄무늬가 있는 돌돔 등 다양하단다.

돔마다 크기는 모두 다르지만 보통 작은 것은 30센티미터부터고, 큰 것은 60, 70센티미터에 이르지. 최근에 100센티미터가 넘는 참돔이 잡혔다는 소식도 들었어. 자리돔은 돔 중에 가장 크기가 작을 거야. 가장 큰 자리돔이라 해 봐야 18센티미터 안팎이니까. 그래서 자리돔을 벵에돔과 다금바리, 방어 낚시를 할 때 미끼로 사용하기도 한단다.

그러나 작다고 깔봤다가는 제주 사람들에게 혼날걸. 자리돔은 제주 바다를 대표하는 생선이라 해도 될 만큼 많이 잡히는 데다가 자리물회, 자리강회, 자리돔구이, 자리젓까지 다양한 요리로 제주 사람들에게 사랑받고 있기 때문이야.

제주의 여름은 자리 뜨기로 시작된다

2015년 6월, 새벽 네 시에 제주 보목리 포구를 찾아갔어. 자리돔을 만나기 위해서지. 제주 사람들은 자리를 잡지 않고 뜬다고 한단다. 잡는 방법을 보면 왜 뜬다고 표현하는지 알 수 있어. 그리고 제주 어부들이 왜 자리를 뜨게 되었는지를 알려면 제주도의 지형을 이해해야 한단다.

제주도는 화산 활동으로 만들어진 화산섬이야. 신생대4기부터 역사시대에 걸쳐 화산 활동이 있었단다. 조선시대 문헌에도 제주에 화산 활동이 있었다는 기록이 있지. 제주도의 생김새를 보면 섬 한가운데 우뚝 솟은 한라산을 중심으로 경사가 완만한 순상화산을 이루고 있고, 산 꼭대기에는 백록담이라는 분화구가 있지. 그리고 큰 화산이 폭발할 때 그 주변에서 함께 끓어오르며 만들어진 작은 화산이 360여 개나 있어. 이게 바로 제주도 곳곳에 있는 오름 같은 작은 봉우리들이야.

제주도는 화산섬이라 화산 활동으로 만들어진 현무암이 많아. 돌하르방을 만들 때 쓰는 거무스름하고 구멍 숭숭 뚫린 돌 있지? 그게 바로 현무암이야. 현무암 지대에서는 균열

이 생겨 물이 고이지 못하고 땅속으로 스며들어. 이렇게 지하로 흐르던 물이 신기하게도 해안가에서 샘으로 퐁퐁 솟아오르지. 이걸 용천이라고 해. 그래서 제주도 사람들은 물이 있는 바닷가에서 주로 모여 살며 미역도 따고 농사도 지으며 마을을 이루었지. 자리돔으로 유명한 보목 마을도 그렇게 바닷가에 있는 마을이란다.

제주 바닷가를 거닐다 보면 기기묘묘한 바위들을 만들 수 있어. 화산 활동으로 만들어진 지형이 파도에 깎이면서 신기한 모양의 낭떠러지, 동굴, 바위기둥 등을 만들어 놓은 거야. 여행객들에게는 감탄을 자아내는 신기한 볼거리지.

제주의 바닷속도 마찬가지야. 무른 바위는 파도로 깎이고 씻기었고 단단한 바위는 칼날처럼 뾰족뾰족 솟아 있지. 그래서 제주 어부들은 뭍에서처럼 그물을 끌 수도 없고 에워싸서 당길 수도 없어. 그물을 바닥에 닿지 않게 넣었다가 들어 올릴 수밖에 없지.

그렇게 만들어진 것이 '사둘'이라는 제주의 전통 고기잡이 방법이야. 사둘은 물고기를 잡아서 퍼 올릴 때 쓰는 도구야. 제주의 전통 배 테우를 타고 나가 사둘을 담갔다가 물고기가 위로 올라오면 들어 올려 잡는단다. 그래서 뜬다는 표현을 쓴 거지.

내가 살았던 전라도에서는 사둘을 '거랭이'나 '쪽대'라고 했어. 제주에서는 '쪽바지'라고도 한다는구나. 제주 사람들은 7미터 정도로 긴 나무 손잡이 끝에 달린 둥근 나무테에 그물을 매달아서 자리를 떴단다. 그 모양이 국자를 닮아 '국자사둘'이라 불렀지. 국자사둘 외에 배를 타고 나가지 않고 갯바위나 언덕에서 자리를 뜨는 '덕자리사둘'(마라도에 자리덕이라는 지명이 있단다), 둥그런 모양의 사둘을 도르래로 드리우고 올리는 '동고락사둘'이 있어.

예전에는 제주의 전통 통나무배인 테우를 타고 나가 사둘로 자리를 떴는데, 요즘에는 큰 배와 작은 보조선 두 척을 이용해 바다에 그물을 펼쳐 자리를 잡아. 보목 마을에서 마지막 자리잡이 배를 탔을 때도 먼저 작은 보조선 두 척이 앞서고, 뒤따라 큰 배가 작은 보조선을 꼬리에 달고 가파도 방향으로 출발했단다.

선원은 큰 배의 선장을 제외하고 일고여덟 명쯤 되었어. 자리 떼를 찾으면 먼저 큰 배에서 그물을 내려. 그리고 보조선이 양쪽에서 그물을 끌고 가서 바닷속에 펼쳐 두고 자리가 올라오기를 기다리지. 선장이 신호를 보내면 보조선에서 그물을 올리고 큰 배에서 감아 올려 자리를 뜬단다. 이렇게 잡는 걸 들망 어업이라고 해. 잡은 자리는 또 다른 작은 배로 그때그때 보목항으로 옮겨 나르지. 살아 있는 채로 팔아야 할 때는 더욱 급하게 작업을 해.

포구에서는 마을 주민들이 모여서 크기별로 나눠서 직접 판매를 한단다. 보목만 아니라 모슬포, 서귀포 등 제주의 남쪽 포구에서는 자리를 뜨는 날이면 임시 어시장이 열리지. 서귀포 바다에서 자리돔 잡는 배가 30여 척에 230여 명의

들망 어업 그물을 물속에 펼쳐 놓고 기다려 물고기가 그 위로 올라오면 들어 올려 잡는 고기잡이 방법.

주민들이 일하고 있대. 6월부터 8월까지 약 30여 억 원의 소득을 올린다고 하니 바다가 고맙기만 하지.

제주도에는 자리가 많이 잡히는 장소가 정해져 있어. 일제 강점기에 조사한 자료를 보면 당시에도 282개의 자리그물 자리가 있었대. 놀라운 것은 지금도 제주 어부들이 바로 그곳에서 자리를 잡고 있다는 거야. 우리 바다의 수산 자원을 수탈하려는 목적이긴 하지만 일본인들의 철저한 조사와 기록에는 혀를 내두르지 않을 수 없단다.

제주 사람을 살린 고마운 물고기

보릿고개라는 말 들어 봤을 거야. 지난가을에 거두어들인 곡식이 다 떨어졌는데 아직 보리는 영글지 않아 먹을 것이 없는 가장 배고픈 시기를 일컫는 말이지. "보릿고개가 태산보다 높다."라는 속담이 있을 정도로 그 시절 사람들에게는 참 견디기 힘든 때였어. 육지 사람들도 힘들었지만 제주 섬에 사는 사람들은 그 정도가 훨씬 더했지. 농사지을 땅이 절대적으로 부족한 게 섬이니까.

제주 사람들에게 배고픈 보릿고개를 견디게 해 준 것이 바로 자리돔이었어. '사둘'로 자리를 뜨는 것은 남자들의 일이었고, 잡은 자리를 파는 것은 여자들의 일이었어. 자리를 실은 배가 포구에 들어오면 가까운 갯마을 사람들은 직접 와서 사 갔고, 멀리 중산간 마을 사람들은 포구의 아낙들이 자리를 팔러 오기를 기다렸지. 내륙의 산골짜기까지 자리를 지게에 지고 다니며 팔았다니, 얼마나 빠른 걸음으로 다녔을지 짐작이 가. 자리돔을 지고 산골 마을로 팔러 다니는 일이 오죽이나 고달팠을까. 제주 사람들은 그렇게 자리를 팔아 양식을 마련하고 보릿고개를 넘겼어.

"자리 알 잘 밴 해 보리 풍년 든다."는 제주 속담이 있어. 자리는 보리 이삭이 피는 5월 하순부터 잡히기 시작해. 알을 낳는 여름철에 특히 맛있지. 자리를 잡아 알 상태를 보고 보리 농사를 예측할 만큼, 제주 사람들에게 자리는 중요한 물고기였던 거야. 무슨 인과 관계가 있어서는 아니고, 좋은 자리를 많이 잡으면 보릿고개를 넘기도 한결 수월했을 테고, 그러면 또 힘내서 농사도 잘 지었을 테니 풍년이 들 수밖에 없어서 생긴 속담이 아닌가 싶어.

보리밥에 자리돔 잘 구워 상을 차리면 제주 사람들에게 그만한 진수성찬이 없었어. 여기에 된장과 오이만 있으면 여름 내내 반찬 걱정은 할 것이 없었지. 자리돔은 다 커 봐야 겨우 어른 손바닥만 한 물고기지만, 제주 밥상에서만큼은 어떤 물고기보다 윗자리를 차지했어.

생선이 대개 그렇지만 자리는 특히 단백질이 많고 지방이 적은 물고기야. 소화가 잘되고, 다른 돔들이 그렇듯이 씹히는 식감도 좋아. 또 뼈째 먹기 때문에 칼슘, 철, 인까지 풍부해서 아이들이나 환자들에게 좋은 보양식이었어.

온갖 음식이 쉽게 상하는 여름철에도 자리는 제 몫을 톡톡히 했지. 단백질이 많고 수분이 많은 생선은 상하기 쉬운 먹을거리였어. 그래서 제주에서는 자리를 식초에 재워 두었다가 토장에 버무려 간을 해 얼음 동동 띄운 자리물회를 만들어 먹었단다.

토장이 뭐냐고? 된장을 담글 때는 보통 소금물에 메주를 알맞게 넣어 두었다가 숙성이 되면 간장과 된장을 갈라. 장을 떠내고 남은 메주 알갱이로 된장을 만들지. 그런데 토장은 간장과 된장을 분리하지 않고 장물에 그대로 메주를 으깬 뒤 숙성시켜 먹는 장이야.

자리 요리에 들어간 식초와 토장은 천연 살균제 역할을 했어. 식중독도 막고 비린내도 잡으면서 밑간도 배게 한 제주 사람들의 지혜가 놀라워. 또 자리 요리에는 '초피'라는 식물

자리물회

자리구이

ⓒ 김준

을 넣는데 역시 살균과 해독 기능을 하는 전통 향신료야. 이러니 자리는 제주 사람들의 여름 보양식으로 으뜸일 수밖에. 여름철에 이보다 좋은 식재료가 어디 있겠어.

"보목리 사람 모슬포 가서 자리물회 자랑 마라."

역시 제주 속담이야. 낙지가 많이 나는 서해에서는 낙지 요리가 유명하고 종류도 많지. 태안 박속낙지, 무안 세발낙지, 영암 갈낙탕 등 낙지의 고장에서는 저마다 자기 낙지 요리가 최고라고 우기지. 그래서 서해 갯마을에서는 낙지 자랑 말라는 소리가 있어.

제주에서는 다른 마을에 가서 자기 마을 자리돔 맛을 자랑하면 안 돼. 제주 바닷가 마을 어디에서나 자리돔을 잡다 보니 그걸로 저마다 특색 있고 빼어난 요리를 했기 때문이야. 물살 센 모슬포 부근에서 잡히는 자리는 뼈가 억세 구워 먹기 좋고, 보목항에서 잡히는 자리는 뼈가 부드러워 물회에 좋아. 또 비양도에서 잡은 자리는 크기가 커서 젓갈 담기에 그만이지.

제주 사람들은 자리 머리와 내장도 버리지 않고 보리쉰다리식초에 버무려 먹었어. 보리쉰다리식초가 뭐냐고? 제주도는 화산 활동으로 만들어진 섬이라 바위와 돌이 많아 물을 가두어 논을 만들기 어렵고, 흙도 많지 않아 논농사보다 밭농사를 많이 했지. 그래서 쌀보다는 보리나 잡곡에 의존해서 살았단다.

먹다 남은 보리밥이나 잡곡밥을 찬장에 올려 두면 시큼하게 변하는데 어른들은 이를 '쉬었다'고 표현하지. 냉장 시설이 없었던 시절에 자연 발효가 되어 오늘날 요구르트처럼 몸에 좋은 유산균이 만들어지는 거야. 걸죽한 막걸리 형태가 되기도 하지. 이렇게 발효시켜 만든 것이 쉰다리식초야. 뭍에서 사용하는 막걸리식초와 비슷할 거야. 제주도 음식에 많이 사용하지. 특히 자리물회에는 날된장과 쉰다리식초가 빠지면 서운하다고 할 정도니까.

맛도 좋고 영양도 풍부하고, 배고픈 시절에 사람들까지 먹여 살린 자리돔. 이쯤 되면 엄청 거대한 물고기 아니니?

자리가 자리를 뜨고 있어

자리돔은 동물 플랑크톤을 먹고, 6~7월에 알을 낳아. 수컷은 알을 낳기 좋은 움푹한 바위를 깨끗하게 청소해 두고 암컷을 유혹해. 이곳저곳을 기웃거리던 암컷은 마음에 드는 곳을 결정하면 알을 낳고 미련 없이 떠난다는구나. 그래도 엄마인데 좀 냉정하지. 산란기에 보통 세 번 이상 알을 낳는데, 한 번에 2만 개 정도 낳는대. 수컷은 알이 부화할 때까지 가슴지느러미로 산소를 공급하면서 알 옆을 지킨다는구나. 알은 수정 후 수온 20도에서 약 나흘 만에 부화해. 자리의 수명은 보통 3년 정도야.

자리돔은 자신이 태어난 곳에서 떠나지 않는 물고기야. 태어난 자기 자리를 지키면서 일생을 보내기 때문에 이름도 자리돔이지. 경상도에서는 '생이리'라고도 불러. 일본에서는 자리돔을 '스즈메다이(雀鯛)'라고 해. 스즈메는 '참새'를, 다이는 '돔'을 의미한단다. 수심 2~15미터의 산호가 있는 바다에서 무리 지어 생활하는 모습이나 태어난 곳을 떠나지 않는 습성이 참새를 닮아서 그렇게 부른대.

제주를 대표하는 바닷물고기를 꼽으라면 옥돔과 갈치와 함께 자리돔도 빼놓을 수 없어. 그런데 제주 사람들에게 사랑

받아 온 귀한 물고기인 자리 어획량이 급속히 줄고 있어. 국립수산과학원이 밝힌 자료를 보면, 1990년대 중반에는 350만 톤 정도 잡히던 것이, 1990년대 후반에는 100만 톤으로, 그리고 2000년대에는 20, 30만 톤으로 줄었다가, 최근 다시 늘긴 했는데 예전만큼 많이 잡히진 않는대.

자리돔의 숫자가 줄어든 데는 여러 가지 원인이 있어. 우선 그동안 많이 잡은 탓도 있고, 바다 생태계가 변하면서 자리돔이 살기 어려워진 탓도 있지. 서해안의 낙지가 갯벌에 기대 살아가듯, 제주 바닷속 자리돔은 산호를 제 집 삼아 살아가. 바닷속에서 아름다운 모양과 빛깔을 자랑하는 산호는 많은 바다 생물에게 보금자리가 되어 줘. 나무가 우거진 숲에 벌레와 새가 모여들듯 먹이가 풍부한 산호 주변에는 많은 바닷물고기들이 모여들지.

그런데 제주 바다의 산호가 점점 죽어 가고 있어. 산호의 가치를 몰라 잘 보호하지 않은 탓도 있고, 지구 온난화로 수온이 오르며 백화 현상이 일어난 탓도 있지. 백화 현상은 바닷속 바위나 바닥이 하얗게 변하는 일을 말해. 우리말로는 '갯녹음'이라고 하지. 산호는 해조류와 공생하면서 산소와 영양분을 공급받는데, 수온이 오르면 몸에 이상이 생겨 해조류를 밖으로 배출해. 그러면서 색깔이 하얘지는데, 이런 백화 현상이 지속되면 결국 산호는 죽고 말아.

수온 상승은 산호와 해조류뿐만 아니라 자리돔에게도 영향을 주었어. 바닷물의 온도가 오르면서 자리돔의 서식지도 변했거든. 자리돔은 따뜻한 바닷물에서 사는 물고기야. 제주도가 주요 서식지였는데, 이제 통영은 물론이고 동해 울릉도, 심지어 강원도 속초까지 올라가고 있지. 자리돔이 제주 바다를 떠나니 제주 어민들은 울상이 되었어. 자리를 따라 위쪽 바다로 올라가서 잡으면 안 되냐고? 제주에서 자리돔을 잡을 때 쓰는 들망 어업은 조업 구역이 제주 바다로 제한되어 있어서 그것도 쉽지 않은 일이야.

최근 10년간 독도의 표층 수온을 조사했더니, 10년 전보다 1.5도가 올랐대. 동해 전체의 표층 수온이 해마다 0.028도씩 오른 것에 비하면 엄청나게 오른 거지. 지난 40년 동안 동해의 표층 수온도 무려 1.3도 높아졌어. 이렇게 바닷물 온도가 높아지면, 물고기가 가장 힘들어져.

바깥 온도가 변하면 체온이 따라 변하는 물고기는 스스로 체온 조절을 할 수가 없어서, 아주 추운 겨울에 겨울잠을 자거나 아주 더운 여름에 여름잠을 자기도 해. 혹은 더 살기 좋은 환경을 찾아 멀리까지 이동을 하지.

제주에서 늘 자리를 지키던 자리돔이 자리를 옮기기 시작한 건 바로 그 때문이야. 자리돔이 제주도가 아닌 독도 어장에서 많이 잡히기 시작했다는 거 아니니. 독도 어장에서는 자리돔뿐 아니라 용치놀래기, 말쥐치, 망상어, 인상어 같은 난류성 어종까지 잡히고 있어. 모두 아열대성 기후에 많이 나타나는 물고기들이야. 그 대신 연어병치, 참홍어, 빨간횟대, 성게, 문어 같은 한류성 생물은 사라지고 있어. 자리돔이 자리를 옮기면 참다랑어, 방어처럼 자리돔을 좋아하는 다른 물고기들도 따라 움직여. 결국은 수산물의 분포 지도 자체가 바뀌는 거야. 그래서 수온이 중요해.

앞으로 계속 자리를 보려면 산호나 해조류가 건강하게 살 수 있도록 바다 생태계를 지키는 일도 중요해. 산에 나무가 사라지면 결국 사막이 되는 것처럼, 바다에도 해조류가 없다면 바다 사막이 만들어져. 그래서 미역, 다시마, 모자반, 청각, 김, 파래, 감태 같은 해조류를 바닷속에 심거나 잘 자랄 수 있도록 갯닦음을 하고 있지. 특히 우리나라에서는 매년 5월 10일을 '바다 식목일'로 지정해 알리고 있단다. 세계 최초로 정한 바다 생태계 보호의 날이지. 식목

일에 산에 나무를 심어 숲을 가꾸는 것처럼 바닷속에 바다숲을 만드는 거야.

바다숲을 지키기 위해 우리가 할 수 있는 일이 있어. 여름철에 에어컨 적게 사용하기, 실내 적정 온도 유지하기, 종이 이면지 사용하기, 사용하지 않는 가전제품 플러그 뽑기, 음식은 필요한 만큼만 만들기……. 이렇게 대기 중 이산화탄소를 줄여가는 일은 자리돔이 살기 좋은 환경을 만드는 데 참여하는 일이기도 해.

수온이 상승하는 것까지 막기는 쉽지 않겠지만, 자리돔이 서식하는 장소를 해양보호구역으로 정할 필요도 있지. 이미 서귀포의 범섬 일대가 보호구역으로 지정되어 있으니 확대하는 것도 좋은 방안이야. 또 조사 연구를 통해 알을 낳는 시기는 금어기로 정해서 보호할 필요도 있지. 미래의 제주 사람들에게도 자리물회와 자리젓을 지역 특산물로 물려줘야 할 의무가 우리에게 있거든.

미역
뽀얀
국물 속
진한
바다 맛

미역은 어떤 생물?

일 년생 해조류로 갈색이나 녹갈색이고 잎, 줄기, 헛뿌리로 이루어져 있어. 미역, 모자반 같은 해조류의 뿌리는 바위 같은 곳에 단단히 붙어서 물살에 휩쓸려 가지 않는 역할만 하기 때문에 헛뿌리라고 불러.

미역은 우리나라 전 연안에서 잘 자라. 바닷물이 빠졌을 때 바다와 육지의 경계선 부근 바위에서 주로 자라고, 조류가 센 곳일수록 질 좋은 미역이 난단다.

미역이나 다시마 같은 해조류는 암수의 구별이 없고 홀로 번식할 수 있는 생식 세포를 가지고 있어. 이걸 포자라고 하는데, 봄에서 여름 사이 줄기 아랫부분에 수십 장의 주름이 겹쳐진 생식기관에서 만들어진단다. 이 기관을 포자엽 혹은 실엽이라 하는데 흔히 '미역귀'라고 부르는 부분이야. 포자엽에서 나온 포자는 물에서 떠다니다가 바위 같은 데 붙어서 성장하지.

자연산 돌미역은 가을에 포자가 나와서 겨울이면 바위에 붙어 자라기 시작해. 수온에 민감하기 때문에 지역에 따라 따는 시기가 다른데 부산 기장에서는 봄에, 진도에서는 초여름에, 신안에서는 늦여름에 딴단다. 수온이 올라가면 해조류는 녹아내리기 때문에 겨울에 자라 여름에 따는 것이 일반적이야.

1960년대 말 양식을 시작해서 지금은 미역을 대량으로 키우고 있어. 요즘은 양식 미역에 값싼 중국산 미역까지 들어오면서 자연산 돌미역이 많지 않지만, 사골처럼 뽀얀 진국의 맛을 아는 사람들은 지금도 돌미역을 찾는단다.

바다의 보약

'미역 먹는 날'이라고 들어 봤니? 처음 듣는다고? 아마 그럴 거야. 2011년 이전에는 세상에 없던 날이니까. 전라남도 완도군은 5월 8일을 '미역 먹는 날'로 정해 자신을 낳아 준 부모님의 은혜를 생각하면서 미역을 먹자고 권하고 있어. 그래서 날짜도 5월 8일로 정했지. 아기를 낳은 엄마들이 산후 조리를 하면서 미역국을 열심히 먹잖아? 또 생일에도 미역국을 챙겨 먹지. 그래서인지 어버이날 둘러앉아 미역국을 나눠 먹는 풍경, 꽤 자연스러운 것 같아.

우리나라 사람들이 아기를 낳고 미역을 먹기 시작한 게 언제부터였는지는 정확하게 알려지지 않았어. 이런 옛이야기가 전해질 따름이지. 옛날 어떤 어부가 바닷가에서 헤엄을 치다 새끼를 갓 낳은 고래가 물을 삼킬 때 얼결에 빨려 들어갔대. 어부가 봤더니 새끼를 낳은 어미 고래 배 속에 미역이 가득 차 있더래. 가만히 보니 미역들이 고래 배 속에 들어 있던 나쁜 피를 깨끗하게 걸러 주더라는 거야. 어부는 우여곡절 끝에 고래 배 속에서 살아나와서 자기가 본 것을 사람들에게 얘기했어. 어부의 말을 듣고 아이를 낳은 산모들은 그 뒤로 미역을 먹기 시작했대.

옛이야기야 믿거나 말거나지만, 미역의 효능만은 사실이야. 미역은 산모에게 영양분도 주고 몸도 회복시켜 주는 보약이지. 늘어난 자궁을 수축시키고, 상처를 아물게 하고, 피를 깨끗하게 해 주는 역할을 하거든. 게다가 변비와 비만을 막아 주고 철분과 칼슘까지 풍부해 산모에게 안성맞춤인 먹을거리야. 요즘은 안 그런 사람들도 많더라만, 옛날에는 산모라면 누구나 일곱이레(49일) 동안 미역국을 챙겨 먹었지.

미역은 동해가 원산지인데 우리나라 어느 바다에서나 잘 자라. 그래서 미역국은 전국 어디에서나 만들어 먹었고, 미역으로 만드는 요리도 모든 지역에서 발달했어.

미역 중에 최고로 치는 건 전라남도 진도에 있는 조도 주변 섬에서 나는 미역이야. 독거도, 맹골도, 곽도… 수십 개의 섬이 모여 있는 이곳에서 난 미역이 최고로 꼽혀. 예전에는 딸이 결혼을 하면 혼수품으로 조도의 미역을 준비했는데, 그 미역을 따로 '진도곽'이라 불렀어. 미역을 한자로 '곽藿'이라 하니, 진도에서 생산되는 미역이란 뜻이야.

딸이나 며느리가 출산을 하면 이 지역에 사람을 보내 일부러 긴 미역 가닥 그대로 포장해 달라고 주문하기도 했어. 산모에게 주는 미역을 특별히 '산모곽', '해산미역'이라 부르기도 하는데 이 미역을 살 때는 값도 깎지 않았고, 파는 사람도 미역 가닥을 꺾지 않은 채로 길게 포장해서 줬대. 반으로 접으면 수명도 반으로 줄어든다고, 긴 미역 그대로 먹어야 아프지도 않고 오래 산다고 믿었거든.

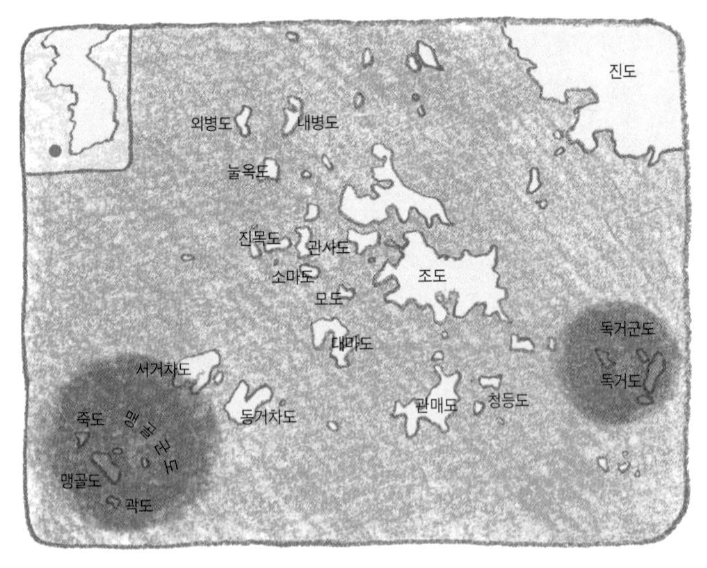

진도 미역의 주요 산지

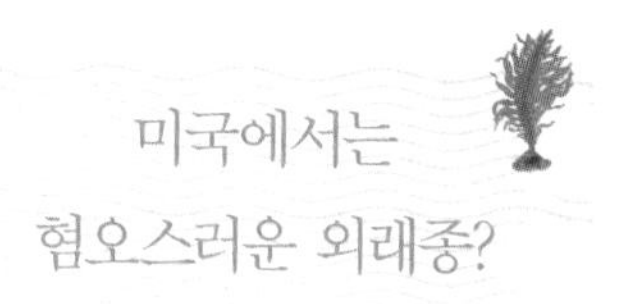

미국에서는 혐오스러운 외래종?

미역을 즐겨 먹는 나라는 우리나라와 일본과 중국이야. 유럽이나 미국에서는 식탁에서 보기 어렵지. 세 나라 중에서 우리나라에서 나는 미역이 가장 좋았던 모양이야. 고려시대에는 중국으로 수출을 했다고 하니까.

1123년 고려를 다녀간 송나라 사신 서긍은 고려에서 보고 들은 것을 《고려도경》이란 책에 기록했는데, 거기엔 미역 이야기도 나와. "미역은 귀천이 없이 널리 즐겨 먹고 있다. 그 맛이 짜고 비린내가 나지만 오랫동안 먹으면 그저 먹을 만하다."고 했지. 고려 왕조의 역사를 담은 책 《고려사》에는 "왕이 미역밭을 하사했다"는 내용과 "미역을 원나라 황태후에게 바쳤다."는 기록이 있기도 해.

중국과 일본에서도 미역을 많이 먹어. 일본에서는 와카메(和布), 중국에서는 하이차이(海菜)라고 해. 그렇지만 생일날 미역국을 먹는 나라는 우리밖에 없어. 대신 일본 사람들은 아침 먹을 때 미역이 들어간 미소시루를 꼭 챙겨 먹어. 미소시루는 우리 된장국과 비슷해. 일본 남자들이 결혼해 달라고 청혼할 때 "아침마다 미소시루 끓여 줄래?" 하고 묻는다는구나. "당신이 끓여 주는 미소시루를 매일 먹고 싶어." 하는 뜻이지. 요즘 같으면 "직접 끓여 드세요!" 하고 구박받기 십상이겠다.

중국에서도 최근에 랴오닝 성, 산둥 성, 광둥 성 같은 곳에서 미역 양식이 크게 늘고 있어. 일본 수출을 겨냥한 거야. 그동안은 일본 사람들이 김, 미역을 우리나라에서 많이 사 갔는데 이제 중국이 직접 생산하면 우리나라 어민들이 힘들어질 거야.

아시아에서는 이렇게 귀한 대접을 받는 미역이 바다 건너 미국에서는 침입종이라고 홀대받고 있어. 미역을 '바다의 잡초(seaweed)'라 부른다니 말 다했지, 뭐. 미역은 식용으로는 전혀 쓰이지 않고, 생선을 운반할 때 보호용 쿠션으로 쓰거나 가축 사료로만 쓰고 있어.

아시아에서 자라던 미역이 미국 서해안, 뉴질랜드, 지중해, 남미 아르헨티나까지 급속도로 퍼지게 건 대형 화물선 때문이야. 평형수라고 들어 봤지? 2014년에 '세월호'가 침몰한 원인이 배가 복원력을 잃고 균형을 제대로 잡지 못했기 때문이란 얘기, 기억할 거야. 배가 균형을 잘 잡으려면 이 평형수를 얼마나 채우느냐가 굉장히 중요하다는 이야기도 그때 뉴스에서 많이 나왔어. 보통 먼 바다를 여행하는 큰 배들은 목적지에 승객과 화물을 내려놓은 뒤에 가벼워진 배가 균형을 잘 잡을 수 있도록 물을 채워. 이 물을 평형수라고 해. 세월호는 승객을 정원보다 많이 태우고, 화물을 많이 실으려고 개조되었고, 그 때문에 무게중심을 제대로 잡지 못하고 안전성을 잃은 거야.

어쨌든 먼 바다를 다니는 화물선이 짐을 내려놓고 그 빈자리를 해당 지역의 바닷물로 채우고 돌아가는데, 자기 나라에 돌아가서는 그 물을 어쩌겠니? 그냥 바다에 버리는 거야. 그러면 평형수에 따라온 물고기며 해조류 같은 바다 생물도 모두 외국 바다에 갑자기 이사를 오게 되는 거지. 이 평형수가 생태계에 심각한 영향을 미친다는 걸 깨닫고 최근에는 갈 때부터 자기 바다의 평형수를 미리 준비하도록 하고 있어.

미역도 그렇게 미국의 샌프란시스코 만에 퍼지게 됐어. 샌프란시스코 만에 들어오는 배가 일 년에 3천여 척쯤 되는데, 세계 각국에서 들어온 배들이 미역, 조개, 게 같은 외래 해양 생물 2백여 종을 들여왔대. 지금에 와서는 이미 어쩔 수 없는 일이 되고 말았어.

번식력이 좋은 미역은 미국의 항구는 물론이고 배 밑과 기둥에까지 붙어서 왕성하게 자라고 있어. 그리고 미국 서해안의 토종 해조류인 '켈프'를 위협할 지경에 이르렀지. 황소

개구리와 배스가 우리 토종 동물들을 잡아먹으면서 생태계를 어지럽힌 것과 똑같은 역할을 하고 있는 거야. 미국에서는 '세계에서 가장 혐오스러운 생태계 침입종 100가지'에 미역을 포함시켰대. 같은 생물이라도 나라마다 다른 대접을 받는다는 게 참 이상하면서도 신기해.

소고기 받고 미역 주고

서양에서는 푸대접도 이런 푸대접이 없을 정도라지만, 우리나라에서는 귀한 대접 받으며 많은 섬사람들을 먹여 살린 게 미역이야. 그게 무슨 말이냐고?

미역이 많이 나는 전라남도 신안군 태도에서 들은 이야기야. 1950~1960년대 무렵 초등학교에서 공부를 하던 아이들이 비가 오니까 쉬는 시간도 아닌데 모두 마을로 뛰어나가더래. 그리고 바닷가와 빈터에 널어놓은 미역을 걷기 시작했대. 덜 말린 미역이 비에 젖으면 엉망이 돼서 버려야 한다고.

아이들이 공부하다 말고 후다닥 뛰쳐나갈 정도로 귀한 거, 그게 미역이었어. 그 시절 미역은 곧 돈이었으니까. 쌀이 필요하고, 뭍으로 중학교를 간 아이의 학비가 필요할 때면 섬

사람들은 목포의 상인이나 객주에게 미역을 보냈단다. '객주'는 물건을 팔아 주거나 살 사람을 연결해 주고 수수료를 받는 중간 상인을 말해. 은행이 없던 시절엔 돈을 빌려주고 물건으로 대신 받거나 이자를 받기도 했지. 미역을 받은 객주는 섬사람들이 필요로 하는 물건을 사서 배로 보내거나 돈을 마련해 주었단다.

그뿐만이 아니야. 명절에는 세찬으로 마을에서 소나 돼지를 잡아서 나눠 먹었는데, 이때 소 주인에게 미역 몇 뭇(한 뭇은 20가닥)을 주기로 하고 소를 잡았대. 그리고 미역이 나는 철에 소고기를 가져간 주민들이 똑같이 미역을 추렴해서 주었다는구나. 뭍에서 행상이 와서 생필품을 살 때도 돈 대신 미역을 주었지. 그러니까 미역이 섬사람에게는 화폐였지.

물론 아무 미역이나 그렇게 귀한 대접을 받은 건 아니야. 자연산 돌미역만 그랬지. 양식 미역은 값이 싸. 돌미역은 먼 바다의 거친 파도 사이에 있는 섬들에서 자라. 동해에서는 독도, 남해에서는 제주도의 마라도, 서남해에서는 진도 조도, 서해에서는 백령도 미역이 좋아. 이 섬들 주변에는 바닷물이 거칠고 빨라. 그런 바다에서 자라는 미역은 줄기와 잎이 가늘고 길며 질기지.

우리나라에서 바닷물이 가장 빠른 곳이 진도 울돌목인데,

그곳 못지않게 빠른 곳이 '진도곽'으로 유명한 조도 해역이야. 그곳에는 작은 섬이 무려 150여 개나 몰려 있어서 섬과 섬 사이로 바닷물이 빠르게 흘러. 이런 작고 외진 섬에 사람이 살 수 있었던 것은 순전히 미역 때문이었어.

지금도 자연산 돌미역을 채취하는 섬이 진도, 신안에는 많이 남아 있어. 미역이 자라는 미역바위는 개인 소유가 아니고 마을 사람들이 공동으로 관리하고 미역도 함께 따서 나누어 가져.

설 명절 무렵이면 섬 주민들이 모여서 갯바위를 삽이나 도구로 문질러 미역이 잘 붙도록 깨끗하게 닦는 '갯닦기'를 하기도 해. 게다가 미역이 한참 자라는 여름철에는 바닷물이 빠지는 시간대에 미역이 햇볕에 익지 않도록 미역밭에 바닷물을 끼얹어 주기도 한단다. 이렇게 정성을 들여야 좋은 돌미역을 얻을 수 있지. 땅에서 농사짓는 것과 똑같아. 그래서 '미역 농사'라고 불러. 미역으로 먹고사니까, 미역 농사가 일 년 농사지.

2015년 11월 포항의 감포 마을에서 미역바위를 닦는다는 소식을 듣고 찾아갔어. 진도에서는 몇 차례 보았기 때문에 다른 지역에서 하는 것을 보고 싶었거든. 특히 이곳은 해녀들이 바닷속 바위까지 닦는다는 말을 들어서 더 궁금했지.

그 지역의 다른 마을들은 모두 마을에서 공동으로 미역바위를 관리하는데, 이 마을에서는 대대로 자기 미역밭을 가지고 있더구나. 주민들 이야기로는 마을에서 공동으로 미역농사를 짓다 보니 열심히 하는 사람도 있지만, 대충 시늉만 내는 사람도 있어 결국 나누었대. 그 결과 미역 생산량은 더 늘었고.

미역바위를 열심히 닦는 것도 다 미역이 많이 붙으라고 하는 거야. 마을에 도착해서 해안을 따라 걸으면서 보니까, 정말 해녀들이 물안경을 쓰고 물속을 들어가 호미나 삽 같은 도구로 갯바위를 닦더구나. 물질할 사람이 없는 집은 해녀를 사서 자기 미역밭을 깨끗하게 닦아 달라고 부탁까지 한단다. 밖에서 보아도 닦아 놓은 미역바위와 그렇지 않는 바위를 구별할 수 있을 정도고, 나중에 미역이 붙는 것도 차이가 많이 난대.

2014년 여름 맹골군도에서는 미역 따는 일을 직접 해 본 적이 있어. 맹골군도에는 맹골도, 곽도, 죽도처럼 좋은 미역이 나는 섬들이 있지. 맹골도와 곽도에서는 마을 주민들이 모두 참여해 공동으로 미역을 따고 그걸 똑같이 나눠 가졌어. 미역을 딸 때는 한 집에서 두 명씩 반드시 나와야 해. 안 나오면 미역도 못 얻는 거야. 곽도에 갔을 때는 모두 아홉 집에서 열여덟 명이 나왔더구나. 가족 중에 일할 사람이 없으면 대신 일할 아르바이트 학생을 구하기도 한단다. 그날도 아르바이트생이 한 명 있었지.

미역 따는 일은 생각만큼 만만치 않아. 깎아지른 절벽에서 미역을 따서 등에 지고 머리에 이고 올라와야 하는 곳도 있단다. 조류가 거칠기 때문에 최근에는 구명조끼를 입고 몸에 줄을 묶어 한 사람이 잡아 주면서 따기도 하더구나. 몇 차례 파도에 휩쓸려 가는 아찔한 상황도 있었지.

맹골군도 가까운 곳에 물살이 호랑이처럼 사나운 바다라 해서 맹골수로라 불리는 뱃길이 있어. 2014년 세월호가 침몰

했던 곳이지. 거센 조류가 질 좋은 미역을 주기도 하고, 크고 작은 선박 사고를 일으키기도 하니 참 아이러니하단 생각이 들어.

점심을 먹고 시작한 일은 오후 늦게야 끝났어. 그날 딴 미역을 한곳에 모아 두고 저울로 똑같이 아홉 무더기로 나누었지. 이때 좋은 미역과 품질이 떨어지는 미역을 구분해서 나누더구나. 그리고 집집마다 어머니의 신발을 한 짝씩 벗겨 바구니에 넣더니, 가장 어린 사람이 신발 바구니를 머리에 이고 신발을 하나씩 집어서 미역 더미에 놓았어. 그러면 자기 신발이 놓인 미역 더미가 자기 몫이 되는 거였지. 똑같이 공평하게 나누기 위해 고안한 현명한 방법이었어.

토종 생물을 지키지 못하면

인간이 그 맛을 알기 전에 미역은 전복과 소라의 먹이였단다. 갯바위에 지천으로 널려 있는 것이 미역과 김과 파래 같은 해조류였으니까. 전복, 소라의 먹이였던 것을 인간이 먹기 시작하면서 평화로웠던 생태계엔 문제가 생겼지. 전복과 소라가 경쟁에서 인간을 당해 낼 수 있겠어? 인간이 마구잡이로 미역을 따기 시작하면서 미역이 점점 줄었지. 그리고 바다의 오염과 지구 온난화로 인한 수온 상승, 백화 현상으로 인해 미역밭마저 점점 사라져 갔지.

결국 인간은 깊은 바다에 줄을 띄워 포자를 붙여서 인공으로 미역을 길렀어. 물론 전복도 가두리 안에서 양식하기 시작했지. 미역 양식이 시작되면서, 요즘 사람들 입맛에 맞는 부드럽고 잎이 넓은 미역이 퍼지게 되었어.

원래 자연산 미역은 거칠고 줄기가 길단다. 겉으로 보면 미역 줄기와 잎이 가늘고 긴 것이 자연산 미역이고, 넓적하고 짧은 것이 양식 미역이야. 부드럽고 달콤한 것에 길들여진 사람들은 자연산 돌미역을 오히려 싫어하기도 해. 그래서 시어머니가 출산한 며느리에게 비싼 자연산 미역을 보냈더니, 며느리가 먹지도 못할 거친 미역을 보냈다고 타박하며 버렸다는 웃지 못할 이야기도 심심찮게 들을 수 있단다.

자연산 돌미역은 사골처럼 솥에 넣고 오랫동안 삶아서 국물이 뽀얗게 우러나야 맛이 있고 몸에 좋아. 끓일수록 국물이 진하게 우러나고, 아무리 끓여도 물러지지 않는대. 사골이 물러지면 물러졌지 진도 돌미역은 물러지지 않는다는 말도 있지. 그런데 양식 미역은 부드러워서 오래 삶으면 문드러져서 못 먹게 돼.

자연산 미역의 깊은 맛을 맛보기 힘들어진 것도, 바다숲의 역할을 했던 자연산 미역밭이 사라져 가는 것도 이래저래 안타까운 일이야.

완도의 금일읍에 딸린 작은 섬 우도에서 미역줄기에 달린 귀를 배에 가득 싣고 와서 다듬고 있는 할머니를 만난 적이 있단다. 미역 잎을 따서 팔고, 남은 줄기와 귀를 갈무리해서 상회에 보낸다고 하더구나. 옛날에는 먹지도 않고 버렸던 것들인데 요즘에는 이것도 찾는 사람이 늘고 있대.

특히 미역귀에는 후코이단이라 부르는 성분이 많이 들어 있어. 끈적끈적한 점액 성분인데 암세포가 스스로 자살하도록 유도하고, 암세포의 전이를 억제하는 역할을 한다는구나.

놀랍지? 사실 미역이 끈적끈적해진 것은 거친 바다와 물이 빠진 후 뜨거운 햇볕 아래서 살아남기 위해서였어. 자연에 적응하는 과정에서 만들어 낸 물질이 인간의 병을 치료하는 약으로 사용될 수 있다니 신기해. 우리 바다에서 나는 먹을거리에 어떤 놀라운 성분이 숨어 있는지 아직 모르는 게 더 많아.

그러니 토종 식물을 잘 보전하는 일이 참 중요하지. 우리 생태계도 지키고, 건강한 먹을거리도 얻을 수 있는 길이거든. 또 고유종을 이용해 새로운 품종도 개발할 수 있지. 미래는 종자 전쟁의 시대가 될 거래. 저작권처럼 새로운 종자에 대한 권리도 인정하고 있어서 좋은 종자를 먼저 가지려고 과학자들이 열심히 연구하고 있어. 그러니까 고유종을 잘 지키고 신품종을 개발하는 게 아주 중요해. 우리나라 돌미역처럼 좋은 품종일수록 얼른 신품종을 개발하면 좋겠어.

우리나라 해조류 양식에서는 김, 미역, 다시마의 비중이 절대적으로 높아. 이 중 김은 일부 지역에서 신품종을 개발했지만 대부분 일본산 품종을 쓰고 있어. 신품종이 개발되지 않는다면 해마다 사용료만 20억 원에서 30억 원을 지불해야 해. 미역도 품종 사용료가 연간 6~10억 원 정도 되지. 다행히 늦게라도 지방자치단체와 정부, 민간 기업에서 신품종을 개발해 보급하고 있어.

한때는 하얀 쌀밥에 소고기 미역국이 부자의 상징이던 시절도 있었어. 귀한 대접을 받던 미역이 지금은 좀 안타까운 신세가 됐어. 젊은 사람들이 쌀을 덜 먹고 빵을 많이 먹게 되면서 미역 소비량이 준 것도 아쉬운 일이야. 중국이 미역 양식을 시작하면서 일본 수출량을 늘리는 것도 대책을 세워야 하고. 그나마 다행인 건 전복 양식 덕분에 미역 소비량이 늘어난 거야. 전복이 미역이나 다시마를 먹고 살거든.

미역을 싫어해 '바다의 잡초'라던 서양 사람들도 미역의 가치를 깨닫게 되면서 '바다의 채소(sea vegetable)'라고 바꿔 부르기 시작했다네.

미역이 품고 있는 이야기를 들어 보니 어때? 이젠 미역국 맛이 좀 다르게 느껴질 것 같지 않니?

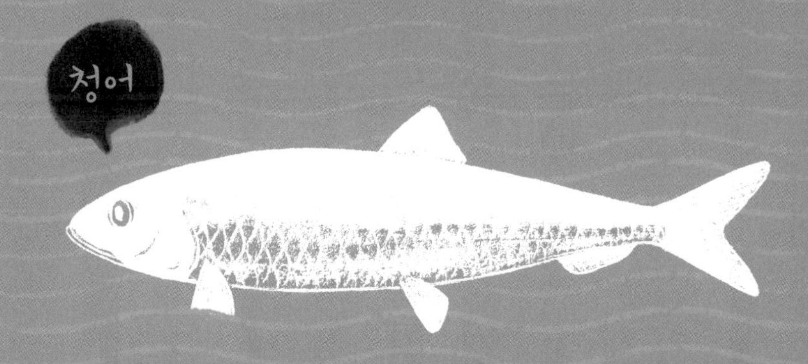

조선을 주름잡은
인기 물고기

청어는
어떤 물고기?

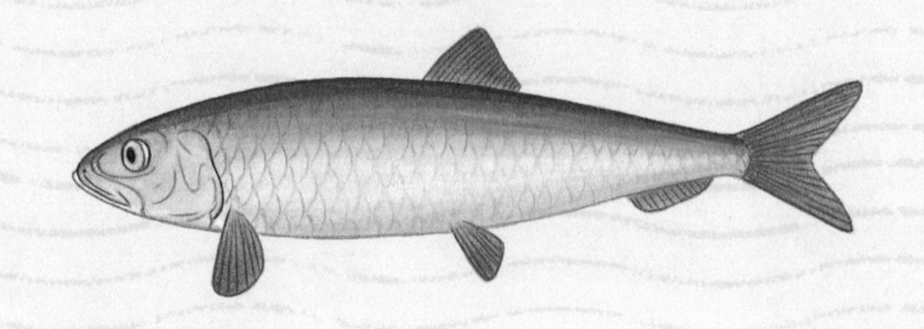

생선 중에서 몸에 좋은 '등 푸른 생선'을 대표하는 것으로 고등어와 함께 꼭 청어를 이야기해. 단백질, EPA, DHA 등 불포화지방산이 풍부하고 성장과 노화 방지에 좋거든. 청어는 북대서양, 발트해, 북태평양, 지중해 등에서 서식하지. 그중 북대서양 청어가 가장 많대. 우리나라 동해와 남해, 일본, 러시아, 알래스카, 미국, 멕시코 등에서 서식하는 청어는 북태평양 청어란다.

청어는 꽁치나 정어리보다는 폭이 크고 길이도 길어. 몸이 납작하고 아래턱이 튀어나왔지. 등은 푸른색이고, 배는 은백색이야. 비늘은 크고 둥글며, 가시가 억세지는 않지만 많아서 잘 발라 먹어야 해.

유럽에서 잡히는 청어는 5~6월에 알을 낳기 때문에 이때가 지방이 풍부해 맛도 좋단다. 떼를 지어 다니는 습성이 있어서 그물로 많은 양을 잡아 일찍부터 염장과 훈제 요리로 즐겼어. 네덜란드에서는 5월에 처음 잡은 청어를 여왕에게 바치는 풍습이 있었대. 북해 연안의 여러 도시에서 청어 축제가 열리며, 특히 네덜란드 스헤베닝언 지역의 청어 축제가 유명해.

지금은 유럽에서 더 많이 먹지만 사실 청어는 옛날부터 우리나라 전 해안에서 많이 잡히던 물고기였어. 동해의 명태, 남해의 대구, 서해의 조기를 꼽던 시절, 조선시대 전 해역을 아우르는 생선이 '청어'라는 사실을 아는 사람은 많지 않지.

얼마나 흔했던지 과거를 준비하던 가난한 선비를 배불리 살찌우는 생선이라 '비유어肥儒魚'라고도 했다는구나. 조선시대 농촌 지식인 구상덕(1706~1761)이 쓴 일기《승총명록》에 따르면 대구 한 마리가 2전 5푼일 때 청어는 고작 1전이었대. 값은 싸고 단백질은 풍부하니 가난한 선비의 밥상에 자주 올랐지.

1970~80년대엔 게으른 자취생에게 인기 만점이었지. 손질할 것도 없고 그냥 팬에 올리고 소금을 뿌리고 굽기만 하면 한 끼 반찬으로 손색이 없었으니까.

조선시대 전 해안에서 많이 잡히던 청어가 일제강점기에는 영일만 북쪽에서만 잡히기 시작했어. 특히 영일만 일대는 일찍부터 청어가 많이 잡혀 바닷바람에 말린 과메기가 특산물이 되었지. 요새는 청어를 보기 힘들어 청어 대신 꽁치로 과메기를 만들어. 우리 바다에 많던 청어는 어디로 사라진 걸까?

청어버거는 어떤 맛?

햄버거 좋아하니? 빵 사이에 두툼한 패티와 치즈에 채소까지. 생각만 해도 군침이 도네. 그런데 햄버거에 햄이나 치즈 대신에 생선이 들어 있어도 맛있을까?

예전에 네덜란드와 독일에 갔을 때 바던 해 지역 갯벌에 들른 적이 있었어. 덴마크, 독일, 네덜란드의 북해 연안에 펼쳐진 갯벌이지. 우리나라 남북한에 있는 갯벌을 합친 것만큼 넓은 곳인데, 보호를 잘해서 2009년 세계자연유산에 등록되었어. 사실 우리나라도 서남해안 갯벌을 세계자연유산에 등재하기 위해 노력하고 있어. 그래서 외국 사례를 보기 위해 몇 차례 바던 해를 갔었지.

그때 네덜란드에서 먹었던 음식 중에 가장 인상적인 것이 청어버거였어. 화이트와인과 식초와 소금에 절인 청어를 빵에 끼워 먹는 더치 헤링Dutch Herring이라는 음식이야. 호기심에 주문해 먹었단다. 맛이 어땠을까 궁금하지? 상상하는 바로 그 맛이야. 짭짤하고 약간 비린 맛.

빵 사이에 끼워 먹을 만큼 네덜란드 사람들은 청어를 좋아해. 네덜란드뿐만 아니라 독일이나 프랑스 등 유럽인에게

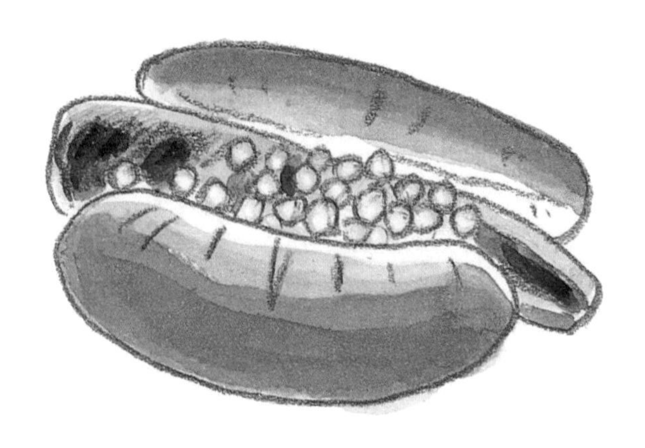

청어는 아주 훌륭한 단백질 공급원이었어. 그만큼 흔하게 잡혔다는 이야기겠지. 조선시대 공부하는 선비들에게 훌륭한 식량이었던 것처럼.

그런데 많이 잡히는 것도 문제였지. 청어는 고등어처럼 단백질이 많아 쉽게 상하거든. 우리나라에서는 쉽게 상하는 고등어를 되도록 오래 두고 먹으려고 소금에 절였어. 그게 바로 자반고등어야. 네덜란드에서는 청어 통절임을 개발했어. 1358년 네덜란드의 빌럼 벤켈소어라는 어부가 청어의 내장만 제거할 수 있는 칼을 만들어 갈무리한 청어를 소금에 절여 통에 보관하는 방법을 고안해 냈지. 원리로 보면 우리의 조기간독이나 민어간독과 같은 방식이라 할 수 있어.

원래 청어는 발트 해가 주요 산란지였는데 15세기 초부터 북해로 바뀌어서, 1만 명 이상의 어부들이 청어를 30만 통 넘게 잡았다는구나. 그 중심이 네덜란드 암스테르담이었어. 옛날에는 암스테르담까지 뱃길이 이어져 있고, 수로도 아주 발달했지. 지금도 수로를 따라 배를 타고 이동하는 여행 상품이 인기가 아주 높단다.

암스테르담은 청어의 도시가 되었고, 어업은 물론 항해술까지 발달하면서 해양강국으로 자리매김할 수 있었지. 네덜란드는 북해를 장악했던 스페인이나 포르투갈에 맞서는 힘을 갖게 되었고, 16세기에는 스페인의 지배에서 벗어나 독립을 이루지. 해외 무역에도 눈을 돌려 17세기에는 일본과 동남아시아까지 진출하고, 아메리카 대륙에 뉴암스테르담이라는 도시를 건설하기도 했어. 나중에는 청어의 어획량이 줄고 국력도 쇠약해져 영국에게 바다를 내줘야 했지만 말이야.

청어버거 이야기를 하려다 길어졌구나. 아무튼 네덜란드 사람들에게 청어는 특별한 생선이야. 그만큼 즐겨 먹기도 하고. 네덜란드를 대표하는 청어 요리가 바로 내가 먹었던 더치 헤링이야. 더치는 네덜란드, 헤링을 청어를 뜻하는 말로, 간단히 말하면 절인 청어 요리야. 청어의 머리를 자르고 내장을 제거한 뒤, 양파와 각종 다진 야채에 와인, 식초, 소금

등을 넣어 끓인 소스에 재워 두면 더치 헤링이 되지. 이걸 얇게 썰어 양파, 피클 등과 곁들여 먹기도 하고, 빵 사이에 끼워서 버거나 샌드위치처럼 먹기도 한단다.

네덜란드 암스테르담으로 들어가기 전에 들렀던 리우와르덴과 독일의 항구 도시 윌리헴스하벤에서 청어절임을 이용한 갖가지 요리를 식당에서 팔고 있었지. 그때는 짭짤하면서 비릿한 맛 뒤에 숨은 진짜 맛을 모르고 먹었는데, 다시 들르면 15세기 어부들을 생각하면서 또 주문해 먹어 보고 싶어.

조선시대 사랑받았던 청어

이제 우리나라 청어 이야기를 좀 해 볼까. 조선시대에도 청어가 많이 잡혔던 모양이야. 《자산어보》에는 이런 이야기가 실렸어.

> 길이는 한 자 남짓하다. 몸은 좁다. 푸른색을 띠고 있지만 물 밖으로 꺼낸 지 오래되면 대가리가 붉어진다. 맛은 담박하며 국구이 젓갈 포에 모두 좋다. 정월이면 알을 낳기 위해 해안 가까이 몰려드는데, 수억 마리가 떼를 지어 바다를 덮는다. 청어 떼

는 석 달간의 산란을 마치면 물러가는데, 그다음에는 길이 서너 치 정도의 새끼들이 그물에 잡힌다.

이뿐만이 아니야. 청어 어장의 경계를 두고 고을 간 실랑이가 있었던 것 같아. 조선시대 각 관아에서 주고받았던 문서를 모은 《각사등록》에는 철종 6년(1855) 홍주(충청남도 홍성의 옛 이름)와 보령 지역에서 청어 어장을 두고 다툼이 있었다는 기록이 있어. 이것은 백성들이 보다 많은 청어를 잡기 위해서라기보다는 그물(어전)과 배에 대한 세금이 부과되었기 때문이야.

또 《승정원일기》에서는 청어잡이 배를 소유한 사람들이 청어를 잡아서 소득이 많기 때문에 세금을 없애는 것은 옳지 않다고 했어. 《신증동국여지승람》에는 청어의 어획량이 많고 적음에 따라 그해 농사의 풍흉을 점친다고 했어.

또 《선조실록》에는 영남과 호남과 함경도에서 청어가 많이 나므로 장삿배가 구름처럼 모여들어 수없이 잡는다고 하니 세를 거두어야 한다고 하기도 했어.

기록에 남은 것처럼 청어는 조선시대에 우리나라에서 많이 잡힌 물고기였어. 어부들은 봄철에 먼저 잡은 청어를 임금과 조상에 바치고 먹기 시작했대. 임금은 백성들이 청어를 진상하면 바로 맛보는 게 아니라 종묘에 올린 후 먹었대. 네덜란드에서도 5월에 처음 잡은 청어는 여왕에게 바쳤다니 동서양이 풍습이 똑같네.

조선시대에는 청어를 어떻게 먹었을까? 주로 연기를 이용해 훈제하거나 건조시켜 먹었어. 이규경(1788~1856)이 쓴《오주연문장전산고》에는 "청어를 연기에 그을려 부패를 방지하는데 이를 연관목燃貫目이라 한다"고 했어. 또 17세기에 쓰인 한글 요리책《음식디미방》에서는 "연기를 쐬어 말리면 고기에 벌레가 안 난다"라고도 했어.

《음식디미방》에는 청어로 젓갈 담그는 법도 나와 있어. 원문에는 '청어념혀법'이라고 되어 있는데, '념혀법'을 현대말로 풀면 염장법, 그러니까 소금에 절이는 법이야. 그 내용을 잠깐 볼까.

> 청어를 물에 씻으면 못쓰게 되니 가져온 그대로 자연스럽게 닦아라. 백 마리에 소금 두 되씩 넣되 끓이지 않았거나 소금기가 없는 물은 절대 금하고 독을 보송보송한 땅에 묻으면 오래도록 쓰나니라.

연기에 익혀 먹고, 말려서 먹고, 젓갈로 담가 먹고, 이렇게 다양한 요리로 먹었던 걸 보면 청어가 조선시대에는 참 사랑받는 물고기였나 봐.

청어는 백성들이 많이 먹은 물고기였을 뿐 아니라, 왕의 밥상에도 오르고, 명나라 황제에게 보내는 물목에도 포함되었어. 조선시대에는 쌀 한 말과 청어 40, 50마리를 바꿨다고 해. 쌀 한 말이면 16킬로그램 정도 되거든. 요즘 대형마트에서 물 좋은 청어가 두 마리에 2천 원 정도 하더구나. 20마리면 2만 원, 40마리면 4만원, 쌀 20킬로그램의 값어치야. 옛날에는 청어가 흔했고, 지금은 쌀이 남아 도는 거지.

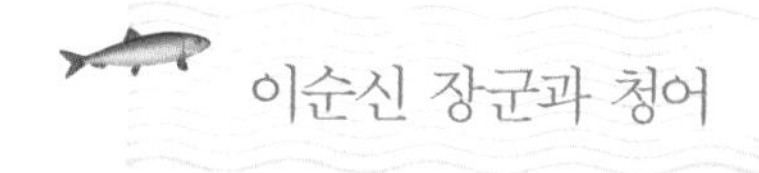

이순신 장군과 청어

청어 하면 이순신 장군이 생각나. 청어는 이순신 장군이 전술의 하나로 만들었다는 강강술래와도 연관이 있거든. 전해지는 이야기로는 임진왜란 때 이순신 장군이 왜적보다 병력이 적어 고민을 했대. 어떻게 하면 군사가 많아 보일까 고민하다 마을에 남은 부녀자들을 불러 남장을 시킨 뒤, 손에 손을 잡고 둥그렇게 원을 그리며 춤추게 했대. 그걸 본 왜군들은 군사의 수가 많은 줄 알고 지레 겁을 먹고 달아났다지.

강강술래를 하며 빙빙 돌 때는 노래를 부르는데, 그때 부르는 노래 중에 '청어 엮기'와 '청어 풀기'가 있어.

"엮자, 엮자, 청어 엮자!"

"청, 청, 청어 엮자!"

이렇게 노래하면서 청어를 보관할 때 짚으로 엮는 것처럼 여러 사람이 손에 손잡고 빙빙 돌면서 꿰고 풀고 하는 놀이

야. 수십 명에서 때로는 수백 명까지 한꺼번에 빙빙 돌면서 엮었다 풀었다 하는 건 참 장관일 것 같아. 임진왜란 때 이순신 장군이 군사 수를 많아 보이게 하려고 먼지 일으키면서 청어 엮기를 했다는 것도 그럴 법한 이야기야.

이순신 장군과 청어의 인연은 여기서 끝이 아니야. 이순신 장군에게 청어는 중요한 생선이었단다.

전쟁을 할 때 중요한 게 뭘까? 병사와 무기를 빼고 말이야. 바로 식량과 소금이야. 병사들도 먹어야 잘 싸울 수 있을 거 아냐. 그래서 조선시대 수군이 배치된 진이 있는 곳에는 쌀을 공급할 수 있는 농지가 있고 소금을 구울 수 있는 염전이 있었단다. 통영 앞에 있는 한산도가 그랬고, 완도의 고금도가 그랬지. 전라우수영이 있었던 해남이나 잠시 머물렀던 목포 앞 고하도도 마찬가지란다.

쌀, 소금과 더불어 병사들에게 중요한 식량이 되었던 게 생선이야. 단백질 공급원으로 영양 보충에 큰 역할을 했지. 특히 당시 많이 잡혔던 청어는 병사들의 중요한 에너지원이었단다. 《난중일기》에는 '청어를 잡아 군량미를 마련했다'는 기록이 여러 곳에 남아 있어.

임진왜란 당시 수군은 군량미를 제대로 지원받지 못했어. 전쟁으로 국가 재정도 바닥을 보였고, 그나마 주는 군량미는 육지에서 싸우는 군사들이나 조선을 도우러 온 명나라 군사들이 먼저 나누어 먹었으니 별로 돌아오는 것이 없었지.

그래서 이순신 장군은 식량을 직접 구했어. 땅을 개간해 농사를 짓기도 하고, 바닷가에서 소금을 만들어 팔기도 했지. 그리고 청어도 잡았단다. 당시에는 청어가 바다에 흔했으니 잡기도 쉬웠을 거야. 전투가 없을 때 병사들은 어부가 되어 직접 청어를 잡아서 말렸다가 곡식과 바꾸기도 했어. 한번은 청어를 1천여 두름이나 잡았다는 기록도 있어. 한 두름이 20마리이니, 1천 두름이면 2만 마리야. 대단하지?

병사들뿐만 아니라 바닷가의 백성들도 청어 덕에 힘든 전쟁 중에도 끼니를 이었을 거야. 7년의 기나긴 전쟁을 견디며 왜군을 물리칠 수 있었던 힘이 청어에서 나왔다고 하면 과장일까.

조선시대 바다에 그득했던 청어가 일제강점기에는 부산, 울산 같은 경상도 동북 바다에서 주로 잡혔어. 그러다 차츰 차츰 북으로 북으로 올라가기 시작하더니, 결국 아주 깊고 찬 바다에서만 잡히는 물고기가 되었지. 청어가 모습을 감춘 건 바닷물의 온도가 올라가고, 바닷속 환경이 변했기 때문이라고 이야기해.

청어가 잡히지 않던 시기에 그 자리를 꿰찬 생선이 꽁치야. 꽁치과메기, 꽁치구이, 꽁치조림까지 모두 청어를 대신해 만들어진 거야. 청어가 사라지고 꽁치의 소비량이 늘면서 수입도 많이 하게 됐지. 러시아나 대만에서 많이 수입하는데, 일본 바다에서 잡은 꽁치가 대만산으로 둔갑해서 들어왔다고 논란이 되기도 했어.

최근에는 청어가 다시 돌아와 어획량이 늘었다는 반가운 소식이 들리고 있어. 수입 꽁치를 먹는 게 불안했던 사람들은 우리나라에서 잡힌 청어를 반기고 있지. 대구처럼 치어를 방류하지 않았는데도 우리 바다로 돌아온 청어가 고맙긴 한데, 최근 청어잡이를 보면 걱정스러워. 금어기도 없고, 어린 청어까지 마구잡이로 잡아서 양식장 사료로 사용하고 있거든. 잡을 만한 물고기가 없으니 기름값이라도 벌어야겠다는 심산이라지만 악순환이 되풀이될 것만 같아 안타까워.

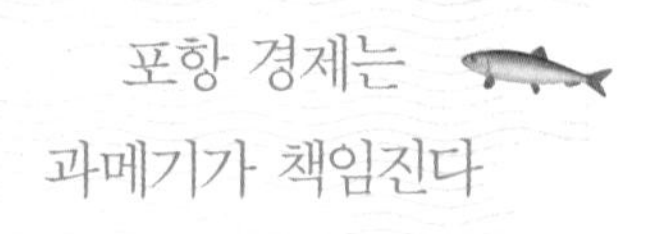

포항 하면 생각나는 게 뭐니? 포스코? 호미곶? 그런데 나는 청어가 생각나. 과메기 때문이란다. 먹어 보진 못했어도

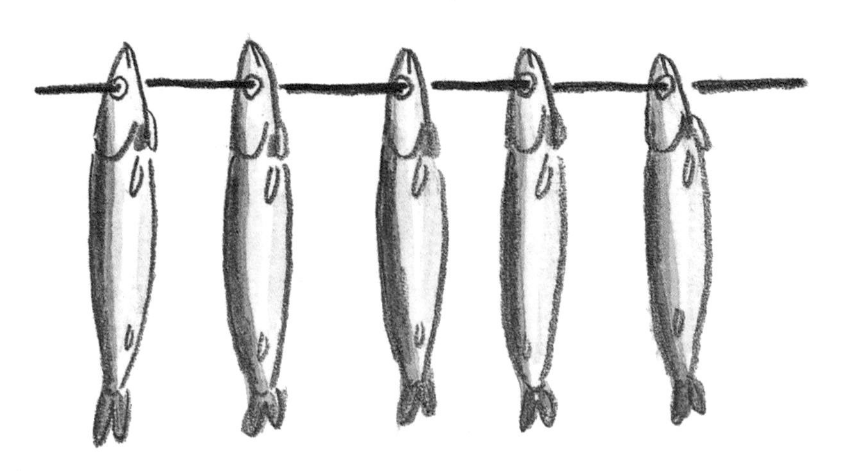

포항 과메기는 들어 봤지?

과메기는 청어나 꽁치를 말린 거야. 1960년대까지는 청어로 만들었다가 청어가 귀해지자 꽁치로 만들기 시작했지. '과메기'란 이름은 청어의 눈을 꼬챙이로 꿰어 말렸다는 것에서 유래한 것이래. 한자어로 관목어貫目魚라 불렀는데, '목'은 포항 사투리로 '메기'나 '미기'라고 해. 그래서 관메기가 되었고 'ㄴ' 받침이 빠지면서 과메기가 되었다는 이야기가 전해져.

포항 앞바다 영일만은 청어가 알을 낳기 위해 찾는 곳이었어. 청어가 많이 나서 한때 전국 어획량의 70퍼센트를 기록할 정도였지. 그런데 그 많은 청어를 상하지 않게 보관하려면 소금에 절여야 하는데 소금이 귀한 포항에서 그 많은 소금을 어떻게 구하겠어. 다행히 청어는 기름이 많아 바닷바람에 말리면 얼고 녹기를 반복하면서 숙성이 되었던 거지. 그게 과메기야. 포항 사람들은 초겨울부터 초봄까지 영일만으로 산란을 위해 들어온 청어를 잡아서 과메기를 만들었어. 식량도 떨어지고 새싹이 나오려면 아직도 멀었을 때 과메기로 버텼던 거야.

과메기를 처음 먹게 된 유래로는 여러 이야기가 전해져. 누군가 부엌 연기가 빠져나가는 창살에 청어를 걸어 놓았대. 일종의 훈제가 된 셈이지. 먹어 보니 상하지도 않고 의외로 맛도 좋았대. 그 후로 찬바람이 불면 포항 구룡포 사람들은 집집마다 빈터에 덕장을 세우고 뼈와 내장을 제거한 청어를 바닷바람에 말렸다지.

1918년 나온 우스운 이야기를 모은 책 《소천소지》에는 과메기 유래에 얽힌 다른 이야기가 나와. 동해안에 살던 선비가 한양으로 과거를 보러 길을 나섰대. 가다가 배가 고파 바닷가 나뭇가지에 청어가 꿰어져 얼말려 있는 걸 보고 먹었는데 맛이 참 좋았어. 그래서 집으로 돌아와서도 겨울마다 청어의 눈을 꿰어 얼말려 먹었다고 해.

과메기는 배추 속이나 김으로 싸서 파, 나물, 고추, 매실장

아찌 등과 함께 먹어. 다시마에 올리고 갖은 야채와 된장이나 초장을 얹어 먹기도 하고. 아이들은 비린내가 난다고 잘 먹지 않지만, 어른들은 달콤하고 고소하다고 하지. 청어 과메기가 말랑말랑하면서 기름이 많고 달짝지근한 맛이라면, 꽁치 과메기는 촉촉하며 좀 더 쫀득쫀득한 맛이야.

포항에서 멀지 않은 경주가 고향인 소설가 김동리도 "청어 온 마리를 배도 따지 않고 소금도 치지 않고 그냥 얼말린 것"이 과메기라고 하며 술안주로도 더없이 좋은 맛이라고 칭찬했지. 통째로 말리는 것을 '통마리', 쪼개서 말리는 것은 '배지기'라고 해. 요즘은 국내산 꽁치도 부족하니 북태평양에서 잡은 꽁치로 만들기도 한대.

가내수공업으로 시작된 과메기가 지금은 6백억을 넘어 7백억에 이르는 소득을 내는 지역 산업으로 발전했어. 포항 호미곶에서는 과메기 축제가 열리고, 구룡포에는 과메기 거리가 생겼지. 구룡포읍과 동해면, 장기면, 대보면이 과메기 특구로 지정되어 음식 여행을 하는 사람들이 많이 찾고 있단다. 과메기를 가공하는 업체만 해도 4백여 개소나 되거든. 이제는 겨울만 아니라 사계절 먹거리로 발전했어. 뿐만 아니라 의약품, 과자, 화장품 등으로 영역을 넓히고 있지.

이쯤 되면 포항을 먹여 살리는 것은 제철회사가 아니라 과메기가 아니겠어. 미래학자들은 미래에는 식량이나 에너지를 모두 바다에 의존할 것이라고 이야기하고 있어. 작은 청어나 꽁치가 지역 경제를 살리고 나라 살림도 살찌우는 것을 보면 결코 틀린 말은 아닐 것 같아. 그러고 보면 삼면이 바다로 둘러싸여 있고, 갯벌과 섬이 많은 우리나라는 정말 복 받은 나라야. 다양한 바닷물고기와 해양 생물, 그리고 어민의 삶이 어우러진 건강한 바다를 미래 세대에게 물려주는 것이 우리가 해야 할 일이야.

참고자료

책과 논문

국립민속박물관, 《한국민족문화대백과사전 8》, 1991
국립민속박물관, 《경남 어촌민속지》, 2002
국립민속박물관, 《한국세시풍속사전》, 2005
국립수산과학원, 《수변정담》, 2005
국립수산과학원, 《한국 어구 도감》, 2002
국립해양박물관, 《바다밥상》, 2014
권삼문, 《동해안 어촌의 민속학적 이해》, 민속원, 2001
권오길, 《자연계는 생명의 어울림으로 가득하다》, 청년사, 2005
권오길, 《갯벌에도 뭇 생명이》, 지성사, 2011
김려, 박준원 옮김, 《우해이어보》, 다운샘, 2004
김무상, 《어류의 생태》, 아카데미서적, 2003
김영희, 《섬으로 흐르는 역사》, 동문선, 1999
김익수 외, 《한국어류대도감》교학사, 2005
김준, 《갯벌을 가다》, 한얼미디어, 2004
김준, 《김준의 갯벌 이야기》, 이후, 2009
김준, 《대한민국 갯벌 문화 사전》, 이후, 2010
김준, 《바다 맛 기행 1》, 자연과생태, 2013
김준, 《바다 맛 기행 2》, 자연과생태, 2015
김준, 《새만금은 갯벌이다- 이제는 영영 사라질 생명의 땅》, 한얼미디어, 2006
김준 외, 《서해와 조기》, 민속원, 2008
김준, 《어촌 사회학》, 민속원, 2010

김준, 《섬 문화 답사기(여수·고흥편)》, 서책, 2012
김준, 《섬 문화 답사기(신안편)》, 서책, 2012
김준, 《섬 문화 답사기(완도편)》, 서책, 2014
김지순, 《제주도 음식》, 대원사, 1998
김지인, 《우리 식탁 위의 수산물 안전합니까?》, 연두m&b, 2015
김홍식 엮음, 정종우 해설, 《조선동물기》, 서해문집, 2014
도서문화연구원 외, 《제6회 전국해양문화학자대회 자료집 1-4권》, 2015
도현신, 《전쟁이 요리한 음식의 역사》, 시대의창, 2011
명정구, 《우리 바다 어류도감》, 예조원, 2007
명정구 글, 조광현 그림, 《바닷물고기 도감》, 보리, 2013
문화재관리국, 《韓國民俗綜合調査報告書- 漁業用具 篇》, 1992
박구병, 《한국수산업사》, 정음사, 1975
朴九庚, 《韓國漁業史》, 正音社, 1975
박구병, 〈한국청어어업사〉 《부산수산대학논문집》 17, 1976
박수현, 《바다생물 이름 풀이사전》, 지성사, 2008
박승국·윤익병, 《조선의 바다》, 한국문화사, 1999
박영준, 《한국의 전설 1권》, 국문화도서출판사, 1972
방신영, 《조선요리제법》, 열화당, 2011
빙허각 이씨, 정양완 옮김, 《규합총서》, 보진재, 2008
서긍, 민족문화추진회 옮김, 《고려도경- 송나라 사신, 고려를 그리다》, 서해문집, 2005
서유구, 김명년 옮김, 《전어지》, 한국어촌어항협회, 2007
서유구, 이두순 옮김, 《난호어명고》, 블루앤노트, 2015
서유구, 정명현 외 옮김, 《임원경제지》, 씨앗을뿌리는사람, 2012
서종원, 〈서해안 임경업 신앙 연구〉, 중앙대 박사 논문, 2009
신동원, 《한국 과학사 이야기 2》, 책과함께, 2011
심우장·김경희·정숙영·이홍우·조선영, 《설화 속 동물 인간을 말하다》, 책과

함께, 2008
에틱 박물관 엮음, 최길성 옮겨 엮음, 《일본 민속학자가 본 1930년대 서해도서 민속: 조선다도해여행각서》, 민속원, 2006
오창원, 《우리나라 지리와 풍속》, 금성청년출판사, 1991
오창현, 《동해의 전통어업기술과 어민》, 국립민속박물관, 2012
유중림·이강자, 《증보산림경제》, 신광출판사, 2003
윤원근 외, 《한국 어업 유산의 가치》, 수산경제연구원BOOKS, 2015
이규경, 민족문화추진회 옮김, 《오주연문장전산고》, 한국학술정보, 2009
이순신, 송찬섭 옮김, 《난중일기》, 서해문집, 2004
이시진, 김오곤 옮김, 《이시진의 본초강목》, 한국미래출판, 2015
이유원, 성균관대학교동아시아학술원 옮김, 《임하필기》, 대동문화연구원, 2009
이행·윤은보 외, 민족문화추진회 옮김, 《신증동국여지승람》, 한국학술정보, 2008
장정룡, 《고성군 명태소리 전승실태조사 보고서》, 고성군, 2013
저자 미상, 이효지 옮김, 《시의전서》, 신광출판사, 2004
정문기, 《한국어도보》, 일지사, 1977
정약전, 정문기 옮김, 《자산어보》, 지식산업사, 2012
정약전, 정문기 옮김, 《자산어보 : 흑산도의 물고기들》, 지식산업사, 1977
조선총독부 농상공부, 민속원 편, 《한국수산지》, 민속원, 2001
최운식, 《전설과 지역문화》, 민속원, 2012
톰 스탠디지, 박중서 옮김, 《식량의 세계사》, 웅진지식하우스, 2012
한국민요학회 엮음, 《수산노동요연구》, 민속원, 2006
한복진·한복려, 《우리가 정말 알아야 할 우리 음식 백가지 1, 2》, 현암사, 1998
한용봉, 《식용해조류 1》, 고려대학교출판부, 2010
해양수산부, 《한국의 해양문화》, 해양수산부, 2002
허균, 동의과학연구소 옮김, 《동의보감》, 휴머니스트, 2002

인터넷 사이트

입질의 추억 http://blog.naver.com/slds2
물바람숲 http://ecotopia.hani.co.kr
국립수산과학원 http://www.nfrdi.re.kr
두산백과 http://www.doopedia.co.kr
한국민족문화대백과 http://encykorea.aks.ac.kr
서울대학교 규장각한국학연구원 http://e-kyujanggak.snu.ac.kr
승정원일기 홈페이지 http://sjw.history.go.kr
조선왕조실록 홈페이지 http://sillok.history.go.kr

물고기가 왜?

첫 번째 찍은 날 | 2016년 2월 25일
다섯 번째 찍은 날 | 2021년 11월 18일

글 김준 | 그림 이장미
펴낸이 이명회 | 펴낸곳 도서출판 이후 | 편집 김은주

표지 및 본문 디자인 | (주)끄레 어소시에이츠

등록 | 1998. 2. 18.(제13-828호)
주소 | 10449 경기도 고양시 일산동구 호수로 358-25(동문타워 2차) 1004호
전화 | (영업) 031-908-5588 (편집) 031-908-1357 팩스 02-6020-9500
블로그 | blog.naver.com/dolphinbook
페이스북 | facebook.com/smilingdolphinbook

ISBN | 978-89-97715-38-1 43400

이 도서의 국립중앙도서관 출판예정도서목록(CIP)은
서지정보유통지원시스템 홈페이지(http://seoji.nl.go.kr)와
국가자료공동목록시스템(http://www.nl.go.kr/kolisnet)에서 이용하실 수 있습니다.
(CIP제어번호: CIP2016002762)

꽃의 걸음걸이로, 어린이와 함께 자라는 웃는돌고래

웃는돌고래는 〈도서출판 이후〉의 어린이책 전문 브랜드입니다.
어린이의 마음을 살찌우고, 생각의 힘을 키우는 책들을 펴냅니다.